普通高等教育“十二五”规划教材

U0807826

工程流体力学实验指导

主　编　杨斌　李鲤　　　副主编　王国茂

中国石化出版社

内 容 提 要

本书由两部分组成。第一部分主要介绍实验课的任务及研究方法、测量误差和测量结果评定以及有效数字的取舍；第二部分为工程流体力学实验，分演示实验、操作实验、综合设计实验三类介绍，内容包括流体静力学实验、能量方程(伯努利方程)实验、流量计实验、毕托管测速实验、动量定律实验、流动状态实验、沿程阻力实验等。

本书重点阐述实验装置的结构、工作原理及使用方法，注重实际操作及应用，重在提高学生的实际操作能力；适用于高等院校的石油与天然气、水利、给水排水、土木、热能、船舶、化工、海港、环境工程等专业的师生，也可供有关科技人员参考。

图书在版编目(CIP)数据

工程流体力学实验指导 / 杨斌，李鲤主编 .—北京：中国石化出版社，2014.5(2022.8 重印)
普通高等教育“十二五”规划教材
ISBN 978-7-5114-2823-3

Ⅰ.①工… Ⅱ.①杨… ②李… Ⅲ.①工程力学-流体力学-实验-高等学校-教材 Ⅳ.①TB126-33

中国版本图书馆 CIP 数据核字(2014)第 093918 号

未经本社书面授权，本书任何部分不得被复制、抄袭，或者以任何形式或任何方式传播。版权所有，侵权必究。

中国石化出版社出版发行

地址：北京市东城区安定门外大街 58 号
邮编：100011　电话：(010)57512500
发行部电话：(010)57512575
http://www.sinopec-press.com
E-mail：press@sinopec.com
北京科信印刷有限公司印刷
全国各地新华书店经销

*

787×1092 毫米 16 开本 4.5 印张 103 千字
2014 年 5 月第 1 版　2022 年 8 月第 2 次印刷
定价：18.00 元

前　言

《工程流体力学》是石油化工、能源类等各专业的一门重要专业技术基础课，具有联系各门基础课和专业课的作用。

本书按照高等教育培养目标的要求，在充分考虑相关专业的基础上，选取了典型测试对象，编写了相关的实验课题。每个课题按测量参数、测量内容及测量方法介绍，包括实验目的、实验装置、实验原理、实验步骤、实验数据、思考题等内容。本书注重实际操作及应用，重点阐述实验装置的结构、工作原理及使用方法，重在提高学生的实际操作能力。读者通过本书的学习，可以更好地掌握基本的观测方法、仪器使用和数据分析方法，提高实验技能。作为一本实训教材，本书附录中还列举了相关的参数。

本书编写分工为：杨斌编写第一章、第二章、第四章(实验八、实验九)、第五章(实验十三)；李鲤编写第五章(实验十二)、第六章(实验十四)；王国茂编写第三章(实验一、实验三)、附录；金伟编写第三章(实验二)；张涛编写第六章(实验十五)；王琪编写第三章(实验四)；张艳丽编写第四章(实验五、实验六)；徐菁编写第四章(实验七)；崔岳编写实验要则、第五章(实验十、实验十一)。全书统稿工作由杨斌完成。

本书由杨斌、李鲤主编，兰州城市学院朱正平教授对本书的初稿进行了详细的审阅，提出了宝贵的修改意见。在此，对朱教授及全体审稿人员、相关编者及所有对本书出版给予支持和帮助的同志表示衷心的感谢。

由于编者水平有限，本书中缺点、错误在所难免，恳请广大师生和读者提出宝贵的意见。

目　　录

实验要则

为使实验结果达到预期效果，不仅需要实验者掌握必要的专业知识，具备熟练的实验技术，更需要在实验过程中具有严格、严密、严肃的良好习惯，遵循科学的实验程序，具体要则为：

一、实验前

① 首先应学习实验室工作守则，全面了解与实验相关的安全知识。

② 预习实验指导书，明确实验目的和任务以及完成实验的最终技术指标和精密度要求，了解实验方案、原理、难点和实验程序。

③ 熟悉本实验测量的特点，需配用的实验设备，必需具备的实验条件，切勿不顾实际需要盲目选用高档仪器。

④ 熟悉与本实验有关的设备和仪器特点、操作方法和注意事项。检查计量器具是否经过检定合格，证书是否在有效期内。否则，不予使用。

二、实验时

① 根据实验要求或仪器使用条件，妥善放置仪器设备，注意实验环境，隔离不利因素，使用仪器具处于良好的工作状态。严格按照仪器操作程序动用仪器设备，切忌未明确仪器特性和使用方法前冒失操作。

② 测量时要细心观察，耐心操作，仪表指示稳定后方可读数。当重复测量时，不要迫不及待地记下与前一次相同的读数，避免指示器具尚在缓慢漂移时的数值。

③ 认真做好实验记录，各种原始记录字迹应清晰，有效位数要合理。如对测定结果有疑问时，要尊重原始记录，认真分析；必须要重复测定，不要任意涂改数据。记录时，不要凭个人记忆填写数据。在原始记录里，应该载明被测量对象、被计量的数量、所用计量器具和计量方法以及日期。

④ 当读数出现异常时，应停止读数，检查各部位零件及整套设备有否失调，环境是否有变。找到原因后，对超出预期范围的数值，在计量时应给予剔除，如尚未找到原因时，应边实验，边考虑，通过实验和仔细观察分析来辨其真伪。有时一个未被人们认识的客观规律往往起始于意外的数值中。

⑤ 实验即将结束时，严格按照操作程序关停仪器工作状态，妥善保存各种原始记录，并认真登记好有关实验时的环境条件，如温度、湿度、气压、外界干扰情况或意外的发现等等。

三、实验后

① 按统一方法正确处理实验数据，全面分析实验结果、测量误差、衡量实验目的、任务和完成程度，检查原设计实验方案的合理性，并作出合乎实际的评估。

② 写好实验报告。正规的实验报告应包括一切有价值的内容，使他人能够理解，而且还能按报告叙述复原计量过程、计量对象、被计量的量、计量原始方法、计量的表和辅助设备、环境条件及它们的特点和作用。众所周知的原理和设备，不必写入，只需指出参考说明书。误差分析是技术报告重要组成部分，对于数据处理要坚持科学态度，按统一方法归纳、运算。报告中要如实介绍遇到的难题及克服方法，计量结果应注明它的不确定度。在文字叙述及公式中，必须使用通用的名词术语和规定，切勿使用含义不清、难以看懂的新名词。报告的最后部分应有对实验明确的结论，对存在问题以及今后试验研究方向提出探索性想法或倾向性建议。最后附上参考文献。

③ 妥善保存各种实验记录、原始记录、计算表格和图表，必要时对这些来自实践的第一手资料编号存档，以备查考。

第一章　测量误差和测量结果评定

第一节　概　　述

人们对自然界存在的各种复杂现象进行观察、测量、比较、计算，研究它们之间的关系，逐步认识了自然，并对自然进行改造。可是，由于测量的方法不够科学、器具不完善、环境的影响、测量人员认识能力不足以及科学水平所限等，在被测量值与真值之间，存在着一定的差异，这种差异，在数值上即表现为误差。误差的存在，使人们对客观现象的认识受到不同程度的扭曲。随着科学技术的日益发展，测量方法不断完善，被测量值的误差控制得越来越小，但理论和实践均已证明，误差始终存在且不能为零。

为了充分认识并减小误差，必须对误差进行研究，了解其来源、性质、传递规律以及对科学实验或测量数据的影响，以便将其减少到最低，从而使测量结果真实可靠。

一、误差定义及表示方法

1. 误差的定义

测量结果与被测量的真值的差值。

$$测量误差=测量结果-真值 \tag{1-1}$$

测量结果是由测量所得到的、赋予被测量的值，是客观存在的量的实验表现，仅是对测量所得被测量之值的近似或估计。

2. 真值

是指“一个量在被观察时，该量本身所具有的真实大小。”

真值虽然是客观存在的，但它是一个理想的概念，一般是难以知道的。在某些特定条件下，真值分为理论真值、约定真值、相对真值。实际中，真值常用实际值(通常为高一等级的计量标准器具所计量量值)或一系列计量结果的算术平均值来代替。

二、误差的表示方法

1. 绝对误差

绝对误差是表达误差的一种方式，它用“测量结果和被测量真值之间的差”表示。它既指明误差大小，又指明正负方向，如测量结果与被测量的真值分别用 X、X_o 表示，则绝对误差 ΔX 即为：

$$\Delta X=X-X_o \tag{1-2}$$

式中　X——测量值；

　　X_o——真值。

2. 相对误差

相对误差是指“测量的绝对误差与测量的真值之比”，它相当于测量的绝对误差与真值的百分比或用数量级表示，它是一个无量纲的值。

$$\delta_x = \frac{\Delta X}{X} \times 100\% = \frac{X - X_o}{X} \times 100\% \tag{1-3}$$

【例 1】用工作用测深钢卷尺测量液位的高度，其测量结果为 1000mm，真值为 1001mm，则：绝对误差为：1000-1001=-1mm；

相对误差为：-1/1001×100%=-0.0999%。

用同一钢卷尺测量液位的高度，若其测量结果为 10000mm，真值为 10001mm，则绝对误差为 10000-10001=-1mm，相对误差为-1/10001×100%=-0.009999%。从两个测量结果看，它们的绝对误差是相同的，但相对误差是不同的。显然，后者的测量准确度高于前者，所以，相对误差能更好地描述测量的准确程度。

3. 引用误差

引用误差是指绝对误差与测量范围上限值或量值之比以百分数表示，它是相对误差的另一种表达式。有的计量器具从实际使用的需要出发，往往用引用误差来表示其准确度或允许误差。如果测量范围上限为 x_{max}，δ_m 表示引用误差，则：

$$\delta_m = \frac{\Delta x}{x_{max}} \times 100\% \tag{1-4}$$

4. 修正值

修正值是用代数方法与未修正测量结果相加，以补偿其系统误差的值。即：

修正值 = 真值 - 未修正测量结果　　(1-5)

真值 = 未修正测量结果 + 修正值 = 未修正测量结果 - 误差　　(1-6)

由上式可知，未修正测量结果加上修正值和未修正测量结果减去误差得到的是同一个值——真值，那么修正值与误差的关系是绝对值相同而符号相反。

含有误差的测量结果，加上修正值后就可能补偿或减少误差的影响。由于系统误差不能完全获知，因此这种补偿并不完全。但在量值溯源和量值传递中，常常采用这种加修正值的直观方法。

在测量过程中常涉及到修正值的使用，例如 JJG 4—1999《钢卷尺》中规定，其分度值为 1mm，Ⅱ级测深钢卷尺零值误差(0~500mm)为±0.5mm，任意两线纹间的允许误差 $\Delta=\pm(0.3+0.2L)$mm，(式中，L 是以米为单位的长度，当长度不是米的整数倍时，取最接近的较大的整“米数”)，受检合格测深钢卷尺的计量器具合格证书上每一米给定一个修正值。由此可知，测深钢卷尺每米误差不会大于 1mm，则规定测深钢卷尺修正值按就近原则进行修正。

设 $x_1 \leqslant x \leqslant x_2$，

则有：当 $x-x_1<x_2-x$ 时，取 $\Delta x=\Delta x_1$

当 $x-x_1>x_2-x$ 时，取 $\Delta x=\Delta x_2$

当 $x-x_1=x_2-x$ 时，取 $\Delta x=\Delta x_1$ 亦可取 $\Delta x=\Delta x_2$

【例 2】用某测深钢卷尺测得罐内油高 5847mm，知该尺 0~5m 分度处和 0~6m 分度处的修正值分别是+1.2mm 和+1.5mm，求修正后的实际油高。

解：按就近原则，x=5847mm，接近 0~6m 处的修正值进行修正，即：

$$\Delta x = \Delta x_2 = +1.5\text{mm} \approx 2\text{mm}(\text{保留到个位})$$

故修正后的油高　　$h=x+\Delta x=5847+2=5849$mm

答：该钢卷尺测量实际油高为 5849mm。

第二节　误差的来源

产生误差的原因是多方面的，了解和掌握误差的来源，对减少和消除误差，提高测量准确度，或者进行误差的计算，选择合适的测量方法和评定测量准确度都有重要的意义。

误差主要来自以下几个方面：

一、装置误差

测量装置是指为确定被测量值所必须的计量器具和辅助设备的总称。由于计量装置本身不完善和不稳定所引起的计量误差称为装置误差。

① 标准器误差。标准器是提供标准量值的器具，它们的量值（标准值）与其自身体现出来的客观量值之间有差异，从而使标准器自身带来误差。

② 仪器、仪表误差。仪器、仪表是指将被测的量转换成可直接观测的指示值或等效信息的计量器具，如秒表、流量计等指示仪器。由于自身结构原理和性能的不完善，如复现性、长期稳定性、线性度、灵敏度、分辨力、重复性等原因均能引起测量误差，甚至测量仪器的安装状况（如垂直、水平）、内部工作介质（如水、油）等也能引起测量误差。

③ 附件误差。为测量创造一些必要条件，或使测量方便进行的各种辅助器具，均属测量附件，这类附件也能引起误差。

二、测量方法的误差

采用近似的或不合理的测量方法和计算方法而引起的误差叫做方法误差。如在测量油罐内油品计量温度，由于计量孔位置偏移，不能使温度计到达有代表性的指定点；在计算中取 $\pi=3.14$，以近似值代替圆周率；还有因为计算相当复杂而改为简单的经验公式计算，由此引起的误差都为方法误差。

另外，一种物体采用多种方法测量也存在误差。如测量油品有流量法、直接衡量法以及体积——重量法，三者最后的计算结果也不可能完全一致。

三、操作者的误差

测量人员由于受分辨能力、反应速度、固有习惯、估读能力、视觉差异、操作熟练程度以及一时生理或心理的异态反应而造成的误差，如读数误差、照准误差等。

四、测量环境引起的误差

由于客观环境偏离了规定的参比条件引起的误差。如温度、湿度、气压、振动、照明等。

第三节　误差分类及其性质

一、误差的分类

误差可分为随机误差、系统误差和粗大误差。

1. 随机误差

随机误差是测量结果与在重复性条件下，对同一被测量进行无限多次测量所得结果的平均值之差。

随机误差等于误差减去系统误差。因为测量只能进行有限次数，故可能确定的只是随机误差的估计值。

随机误差服从一定的统计规律，故可用统计方法估计其界限或它对测量结果的影响。随机误差的统计规律性，主要归纳为对称性、有界性、单峰性。

① 对称性是指绝对值相等而符号相反的误差，出现的次数大致相等，也即测得值是以它们的算术平均值为中心而对称分布的。由于所有误差的代数和趋近于零，故随机误差又具有抵偿性，这个统计特性是最本质的。换句话说，凡具有抵偿性的误差，原则上均可按随机误差处理。

② 有界性是指测量值误差的绝对值不会超过一定的界限，也即不会出现绝对值很大的误差。

③ 单峰性是指绝对值小的误差比绝对值大的误差数目多，也即测得值是以它们的算术平均值为中心而相对集中分布的。

2. 系统误差

系统误差是指在重复性条件下，对同一被测量进行无限多次测量所得结果的平均值与被测量的真值之差。

它是指测量过程中，在偏离测量规定条件或由于测量方法不当时，有可能会产生保持恒定不变或可预知方式变化的测量误差分量。

3. 粗大误差

粗大误差是指“超出在规定条件下预期的误差”，即由于测量者的疏忽、失误，使被测量值明显不同于实际值而引起的误差，故又称疏忽误差。

二、测量不确定度

测量不确定度是指“表征合理地赋予被测量之值的分散性，与测量结果相联系的参数”。

测量结果的分散性可按贝塞尔公式算出，并用重复性标准偏差 S_r，或复现性标准偏差 S_R 表示。

为了表征这种分散性，测量不确定度用标准偏差表示。在实际使用中，往往希望知道测量结果的置信区间，因此规定测量不确定度也可用标准偏差的倍数或说明了置信水准的区间的半宽度表示。为了区分这两种不同的表示方法，分别称它们为标准不确定度和扩展不确定度。

测量不确定度可能来源于以下 10 个方面：

(1) 对被测量的定义不完整或不完善；

(2) 实现被测量的定义的方法不理想；

(3) 取样的代表性不够，即被测量的样本不能代表所定义的被测量；

(4) 对测量过程受环境影响的认识不周全，或对环境条件的测量与控制不完善；

(5) 对模拟仪器的读数存在人为偏移；

(6) 测量仪器的分辨力或鉴别力不够；

(7) 赋予计量标准的值和标准物质的值不准；
(8) 引用于数据计算的常量和其他参量不准；
(9) 测量方法和测量程序的近似性和假定性；
(10) 在表面上看来完全相同的条件下，被测量重复观测值的变化。

第四节 误差的处理方法

研究误差最终是为了达到消除或减少误差的目的，以提高测量准确度。

一、系统误差的消除或减少

消除或减小系统误差有两个基本方法。事先研究系统误差的性质和大小，以修正量的方式，从测量结果中予以修正；根据系统误差的性质，在测量时选择适当的测量方法，使系统误差相互抵消不带入测量结果。

1. 采用修正值方法

对于定值系统误差可以采取修正措施。一般采用加修正值的方法，如对游标卡尺、螺旋千分尺等的修正。由于修正值本身也有误差，所以测量结果经修正后并不是真值，只是比未修正的测得值更接近真值。它仍是被测量的一个估计值，所以仍需对测量结果的不确定度作出估计。

2. 从产生根源消除

用排除误差源的办法来消除系统误差是比较好的办法。这就要求测量者对所用标准装置、测量环境条件、测量方法等进行仔细分析研究，尽可能找出产生系统误差的根源，进而采取措施。

3. 采用专门的方法

(1) 交换法(又称高斯法)

在测量中将某些条件，如被测物的位置相互交换，使产生系统误差的原因对测量结果起相反作用，从而达到抵消系统误差的目的。如为消除由于天平不等臂而产生系统误差的影响，采取交换被测物与砝码的位置的方法。

(2) 替代法(又称波尔达法)

替代法要求进行两次测量，第一次对被测量进行测量，达到平衡后，在不改变测量条件下，立即用一个已知标准值替代被测量，如果测量装置还能达到平衡，则被测量就等于已知标准值。如果不能达到平衡，调整使之平衡，这时可得到被测量与标准值的差值，即：被测量=标准值+差值。如天平称量时采用的替代等。

(3) 补偿法(又称异号法)

补偿法要求进行两次测量，改变测量中某些条件(如测量方向)，使两次测量结果中，得到误差值大小相等，符号相反，取这两次测量的算术平均值作为测量结果，从而抵消系统误差。如计量检定中采用正反行程检定。

(4) 对称测量法

即在对被测量器具进行测量的前后，对称地分别同一已知量进行测量，将对已知量两次测得的平均值与被测得值进行比较，便可得到消除线性系统误差的测量结果。如：当用补偿法测量电阻时，被测电阻回路的电流和电位差计工作电流随着时间的变化会引起累进的系统误差。因为电流作线性变化，测量时间又是等间隔的，所以，采用对称观察法，线性累进的系统误差的影响得以消除。

(5) 半周期偶数测量法

对于周期性的系统误差，可以采用半周期偶数法，即每经过半个周期进行偶数次观察的方法来消除。该法广泛用于测角仪器。

(6) 组合测量法

由于按复杂规律变化的系统误差不易分析，采用组合测量法可使系统误差以尽可能多的方式出现在测量值中，从而将系统误差变成为随机误差处理。

二、随机误差的消除或减少

测量数据有下面几种简单处理方法。

1. 一般步骤

对一个量进行等精度独立测量后，如系统误差已采取措施消除，应按以下步骤进行测量数据的处理。

(1) 求算术平均值

算术平均值是一个量的 n 次测量值的代数和再除以 n 而得的商。

(2) 求残余误差(v_i)及其平方值和

残余误差是测量列中的一个测量值 x_i 和该列的算术平均值 $\bar{x}$ 之间的差 v_i。即：

$$v_i = x_i - \bar{x} \tag{1-7}$$

残差平方值的和是将各残差平方值相加。

(3) 求标准偏差的估算值 S(均方差、均方根误差)

测量列中单次测量的标准偏差，是表征同一被测量值的多次测量所得结果的分散性参数。在实际测量中，测量次数虽然是充分的，但毕竟有限，因而往往用残余误差代替测得值与被测量的真值之差，并按式(1-8)计算标准偏差的估计值。

$$S = \sqrt{\frac{\sum_{i=1}^{n}(x_i - \bar{x})^2}{n-1}} \tag{1-8}$$

(4) 算术平均值的标准误差

算术平均值 $\bar{x}$ 为服从正态分布的随机变量，其标准误差 $S_{\bar{x}}$ 为：

$$S_{\bar{x}} = \frac{S}{\sqrt{n}} = \sqrt{\frac{1}{n(n-1)}\sum_{i=1}^{n}(x_i - \bar{x})^2} \tag{1-9}$$

(5) 测量结果的表示

$$X = \bar{x} \pm ZS_{\bar{x}} \tag{1-10}$$

式中　Z——置信系数，当置信概率为 95.45%，$Z=2$；当置信概率为 99.73%，$Z=3$。

2. 标准偏差 σ 的求取

标准偏差 σ 是在真值已知，且测量次数 $n\to\infty$ 的条件下定义的。实际上，测量次数总是有限的，真值也是无法知道的。因此，符合定义的标准偏差的精确值是无法得到的，只能求取其估计值。现主要介绍贝塞尔法，利用贝塞尔法，可在有限次测量的条件下，借助算术平均值求出标准偏差的估计值。

【例 3】 对某一物件进行 10 次测量，所得数据如下(单位为 mm)：

10.0040、10.0057、10.0045、10.0065、10.0051、10.0053、10.0053、10.0050、10.0062、10.0054。试求均方差。

解：(1) 求算术平均值

$$\bar{x} = 10.0053$$

(2) 求残差

$$\nu_i = x_i - \bar{x} = x_i - 10.0053$$

以 μm 为单位时，对应于上述测量数据的各残差依次为：-1.3；0.4；-0.8；1.2；-0.2；0；0；-0.3；0.9；0.4。

(3) 验算

$$\sum_{i=1}^{n} \nu_i = 0$$

故上述计算正确。

(4) 求残差的平方值及其和

各残差的平方值(μm^2)：1.69；0.16；0.64；1.44；0.04；0；0；0.09；0.81；0.01。

各残值的平方和为：

$$\sum_{i=1}^{10} \nu_i^2 = 4.88\mu m^2$$

(5) 求标准偏差的估计值

$$\sigma = \sqrt{\frac{\sum_{i=1}^{n} \nu_i^2}{n-1}} = \sqrt{\frac{4.88}{10-1}} = 0.736 \approx 0.7\mu m$$

除贝塞尔法外，还有佩特斯法、极差法、最大误差法，最大残差法求出标准偏差。

3. 粗差的剔除

在一组测量数据中难免存在着粗大误差。因此，在估计随机误差时，必须事先剔除其中的粗大误差；否则将显著影响测量结果。下面介绍一种常见的剔除粗差的方法，莱因达准则(3σ 准则)。

当随机误差呈正态分布时，大于 3σ 的随机误差出现概率小于 0.27%，相当于测量 370 次才出现一次。由此可以认为，对于有限次测量，误差值大于 3σ 一般是不可能。此时，若出现误差大于 3σ 的测值，则有理由认为它含有粗大误差，应予剔除。

这就是莱因达准则剔除粗大误差的原理。莱因达准则以固定概率为基础建立，一律以置信概率 $P=99.73\%$确定粗差界限。

设一组等精度测值 x_1、x_2、…、x_n，经计算得其算术平均值和残差，按贝塞尔公式计算得出的标准偏差

$$\sigma = \sqrt{\frac{\sum_{i=1}^{10} \nu_i^2}{n-1}}$$

若组中某个测值的残差 $\nu_i(1\leqslant i\leqslant n)$ 满足下式：

$$|\nu_i| = |x_i - \bar{x}| > 3\sigma$$

则可认为是含有粗大误差的测值，应予剔除。应该注意的是，测量次数少于或等于10次时，残差永远小于 3σ。这时是无法剔除粗差的。因此，只有在测量次数多于10次时，莱因达准则才适用。

此外剔除粗差还有肖维勒准则、格拉布斯准则、t 检验准则、狄克逊准则等，此处不详述。

第二章　测量数据处理

第一节　基本概念

由于测量结果含有测量误差，测量结果的位数，应保留适宜，不能太多，也不能太少。太多易使人认为测量准确度很高，太少则会损失测量准确度。测量结果的数据处理和结果表达是测量过程的最后环节，因此，有效位数的确定和数据修约对测量数据的正确处理和测量结果的准确表达有很重要的意义。

一、有关名词解释

(1) 正确数　不带测量误差的数，如 3 支温度计，5 个人。

(2) 近似数　接近但不等于某一数的数，如圆周率 π 的近似数为 3. 14。在自然科学中，一些数的位数很长，甚至是无限长的无理数，但运算时只能取有限位，所以实际工作中近似数很多。

(3) 有效数字　一个数字的最大误差不超过其末位数字的半个单位，则该数字的左起第一个非零数字到最末一位数字，为有效数字。

如用一支最小刻度为 mm 的钢板尺测量某物体长度，得出四个数字：①$L=3$mm；②$L=3.3978\cdots$mm；③$L=3.4126\cdots$mm；④$L=3.4$mm。上述四个数据显然都是近似数，但第一个数据未能充分利用刻尺的精度，应再多估读一位；第二、三个数据虽然位数较多，但不能通过尺的刻度准确读出来，数据中小数点后第二位以后的数字都是虚假无效的；惟独第四个数据最合理地反映了 L 的真实值，有效地表示了原有物体的真实尺寸。因此称 3. 4mm 为 L 的有效值。

为了进一步探讨这一数值的特点，分析一下估读数值的精度。一般情况下，计量检测人员都能估读出最小刻度的 1/10，其估读精度为±0. 05 刻度值，或者说估读值的最大误差不超过估读位上的半个单位。

(4) 有效位数　一个数全部有效数字所占有的位数称为该数的有效位位数。如 3. 4mm 中的“3. 4”为两位有效数字。应该指出：

① 有效数字的位数与该数中小数点的位置无关。

上例中被测长度 L 的有效数值为 3. 4mm；若以 m 为单位来表示，则为 0. 0034m。这两个数字虽然其小数点位置不同，但都为二位有效数字。因此，盲目认为“小数点后面位数越多数值越准确”是错误的，因为小数点在一个数中的位置仅与所选的计量单位有关，而与该数的量值无关。

② 一个数末位的“零”可能是有效数字，也可能不是有效数字。

③ 乘方形式体现的有效数字。如 3. 4mm 可以为 3400μm。此时，如果不加特殊说明，就很难断定 L 的数值是几位有效数字。为了能在选择不同单位的情况下，都能准确无误地辨认出一个数的有效数字位数，可采用如下数据形式：

$$有效数字\times 10^n 单位$$

这里 n 为幂指数，根据选定单位而定。

从上述分析可以看出，测量数据的有效位数是受测量器具及方法的精度限制的，不能随意选定。

二、数字修约原则

在处理计量测试数据的过程中，常常需要仅保留有效位数的数字，其余数字都舍去。这时要遵循以下规则进行取舍，如果以舍去数的首位单位为 1，分三种情况进行处理：

① 若舍去部分的数值大于 5，则保留数字的末位加 1；

② 若舍去部分的数值小于 5，则保留数字的末位不变；

③ 若舍去部分数值等于 5，则将保留数字的末位凑成整数，即末位为偶数(0、2、4、6、8)时不变，为奇数(1、3、5、7、9)时则加 1。

为便于记忆，将上述规则简化为口诀：五下舍去五上进，偶弃奇取恰五整。

【例 1】将下列左边各数保留到小数点后第二位。

76. 7464→76. 75　　15. 6735→15. 67

0. 3750→0. 38　　0. 3650→0. 36

0. 365000001→0. 37

第二节　有效数字的运算

一、近似数的加减运算

近似数的加减，以小数点后位数最少的为准，其余各数均修约成比该数多保留一位，计算结果的小数位数与小数位数最少的那个近似数相同。

【例 2】求 28. 1+14. 54+3. 0007 的值。

解：28. 1+14. 54+3. 0007

≈28. 1+14. 54+3. 00

=45. 64

≈45. 6

答：该值为 45. 6。

二、近似数的乘除运算

近似数的乘除，以有效数字最少的为准，其余各数修约成比该数字多一位的有效数字；计算结果有效数字位数，与有效数字的位数最少的那个数相同，而与小数点位置无关。

【例 3】求 2. 3847×0. 76÷41678 的值。

解：2. 38417×0. 76÷41678

$\approx 2.38\times 0.76\div 4.17\times 10^4$

$=4.33764988\times 10^{-5}$

$\approx 4.3\times 10^{-5}$

答：该值为 4.3×10^{-5}。

三、近似数的乘方运算

乘方运算是乘法运算的特例，其规则与乘除运算规则类同，为：数进行乘方运算时，幂的底数有几位有效数字，运算结果就保留几位有效数字。

【例 4】试求 $(2.46)^2$ 的值。

解：经计算得 $(2.46)^2=6.0516$。因为底数 2.46 的有效数字为三位，所以计算结果亦取三位有效数字，为 6.05。

答：该值为 6.05。

四、近似数的开方运算

开方运算是乘方的逆运算，所以可以由乘方运算规则导出开方运算规则为：数进行开方运算时，被开方数有几位有效数字，求得的方根值就保留几位有效数字。

【例 5】试求 $(8.60)^{1/2}$ 的值。

解：$(8.60)^{1/2}\approx2.933$。因为 8.60 可以认为是三位有效数字，所以其方根值取为 2.93。

答：该值为 2.93。

五、近似数的混合运算

进行混合运算时，中间运算结果的有效数字位数可比按加、减、乘、除、乘方、开方运算规则进行计算所得的结果多保留一位。这里应该指出，为可靠起见，实际计算过程中的数据和最终结果的数的位数可比按以上有关规则规定的多保留 1~2 位，作为保险数字，这要视具体情况而定。

六、修约注意事项

① 不得连续修约。即拟修约的数字应在确定位数一次修约获得结果，不得多次连续修约。如：修约 15.4546 至个位，结果为 15。

不正确修约是：5.4546—15.455—15.46—15.5—16。

② 负数修约，先将它的绝对值按规定方法进行修约，然后在修约值前加上负号，即负号不影响修约。

第三章　流体静力学

实验一　运动黏度测定

一、实验目的

① 了解油品的流动特性、黏度的意义、表示和测定方法；
② 学会用毛细管黏度计测定油品运动黏度的方法、原理、操作规程；
③ 实测一种润滑油的运动黏度。

二、实验仪器和材料

1. 仪器简介

SYD-265D 型石油产品运动黏度测定器，如图 3-1 所示，其组成主要有：

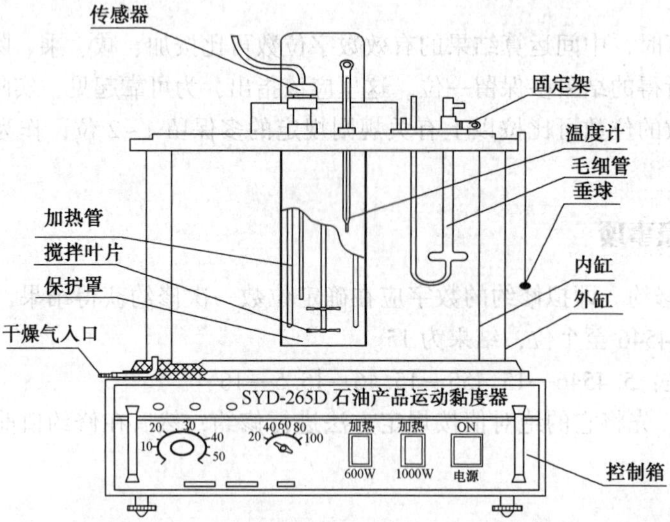

图 3-1　SYD-265D 型石油产品运动黏度测定器

（1）双层恒温浴

内层采用 ϕ300mm×300mm 的硬质玻璃缸，外层保温套为 ϕ360mm×285mm 的有机玻璃筒，内外层之间为空气保温层，试验时，为不使水蒸气进入保温层而影响观测，可在保温层充入干燥空气(充气设备自备)。浴缸盖上有两个小孔，分别为安放温度计和传感器设置。另外有四个毛细管安装孔，可同时进行两组平行样的检测。

（2）照明系统

本仪器安装了 220V 节能灯，为清晰地观测毛细管黏度计的读数提供了保证。

(3) 控温系统

①温度传感器：高精度热敏电阻。②加热方式：开关转换，电位器微调设定。③加热系统：1000W 和 600W 双电加热管加热。仪器刚开始工作时，1000W 辅助加热和 650W 控温加热一起加热，升温快；在设定的观测温度点附近，调整加热功率，1000W 辅助加热关闭，仅 600W 控温加热工作，保证浴温的稳定。

(4) 水银温度计

棒式水银温度计，0~50℃、50~100℃，分度均 0.1℃各一支。

(5) 搅拌系统

电动搅拌机采用 60YN06-2B 无减速单相异步电动机，加热、搅拌都在保护罩内进行。

2. 玻璃毛细管黏度计

① 结构。如图 3-2 所示为平氏黏度计，其结构主要由管身、扩张部分、毛细管、支管和标线组成

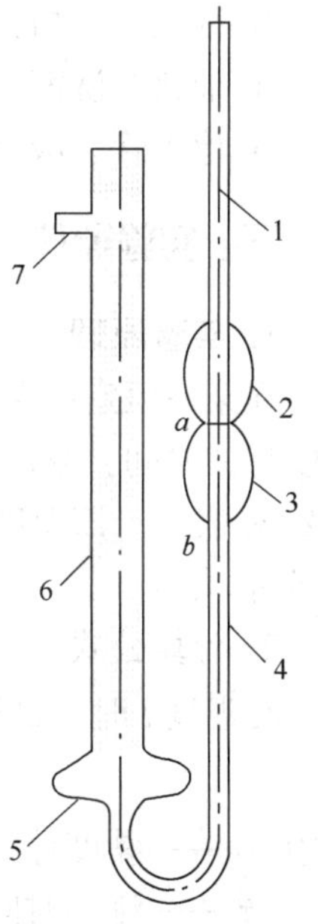

图 3-2　平氏黏度计

1，6—管身；2，3，5—扩张部分；4—毛细管；7—支管；a，b—标线

② 测定原理。在一定温度下，当液体在直立的毛细管中，以完全湿润管壁的状态流动时，其运动黏度与流动时间成正比。测定时，用已知运动黏度的液体作标准，测量其从毛细管黏度计流出的时间，再测量试样自同一黏度计流出的时间，则可计算出试样的黏度。正确使用毛细管黏度计，对确保产品质量和科研数据的准确是很重要的。

③ 分类。毛细管黏度计按结构、形状可分为乌氏、芬氏、平氏、逆流四种。它们测定的样品黏度是运动黏度。

④ 毛细管内径和测样品黏度范围，见表 3-1(选用的黏度计被测样品流出时间不低于 200s)。

表 3-1　毛细管内径和测样品黏度

毛细管内径/mm	可测黏度范围/(mm^2/s)	毛细管内径/mm	可测黏度范围/(mm^2/s)
0.4	1.5	2.0	100~400
0.6	2~6	2.5	200~700
0.8	4~10	3.0	500~1000
1.0	10~40	3.5	700~2500
1.2	20~50	4.0	1000~5000
1.5	40~100	5.0	2500~5000

3. 设备与材料

① 玻璃毛细管黏度计。一套，符合 SY 3607《玻璃毛细管黏度计技术条件》的要求。毛细管内径为 0.4mm，0.6mm，0.8mm，1.0mm，1.2mm，1.5mm，2.0mm，2.5mm，3.0mm，3.5mm，4.0mm。并且每支黏度计有一确定的黏度计常数。

② 玻璃水银温度计。符合 GB/T 514—2005《石油产品试验用玻璃液体温度计技术条件》，分度值为 0.1℃。

③ 秒表。分格为 0.01s。

④ 油料及洗液。试验用油，清洗用溶剂油、洗涤剂。

⑤ 橡皮管、吸耳球、擦拭纸。

三、实验原理

1. 实验原理

在某一恒定的温度下，测定一定体积的液体在重力作用下流过一个标定好的玻璃毛细管黏度计的时间，黏度计的毛细管常数与流动时间的乘积，即为该温度下液体的运动黏度，用符号 ν_t 表示。该温度下运动黏度和同温度下液体的密度之积为该温度下液体的动力黏度，符号 η_t 表示。

2. 计算公式

在温度 t 时，试样的运动黏度 ν_t(mm^2/s)按下式计算：

$$\nu_t = c \cdot \tau_t \tag{3-1}$$

式中 c——黏度计常数，mm^2/s^2；

τ_t——流动时间，s。

在温度 t 时，试样的动力黏度 η_t(mPa·s)计算如下：

$$\eta_t = \nu_t \cdot \rho_t$$

式中 ρ_t——试样密度，g/cm^3。

3. 黏度的单位及换算

动力黏度单位换算：

1 厘泊(1cP)= 1 毫帕斯卡·秒(1mPa·s)

100 厘泊(100cP)= 1 泊(1P)

1000 毫帕斯卡·秒(1000mPa·s)= 1 帕斯卡·秒(1Pa·s)

1000 微帕斯卡·秒(1000μPa. s)= 1 毫帕斯卡·秒(1mPa·s)

动力黏度与运动黏度的换算：

$$\eta = \nu \cdot \rho \tag{3-2}$$

式中 η——试样动力黏度，mPa·s；

ν——试样运动黏度，mm^2/s；

ρ——与测量运动黏度相同温度下试样的密度，g/cm^3。

四、实验步骤

① 熟悉装置。了解测量方法、原理和实验过程，掌握实验操作要点。

② 加热恒温。按照试验所需温度，选用合适的温度传感器和温度计，并安装到位。在确保恒温浴中液体量充足的情况下，打开恒温浴电源，按下所选定温度按钮，开始加热，并不断搅拌，确保温度缓慢上升直至稳定在设定好的试验温度下，并保持在±0.1℃范围内。

③ 试样预处理。试样含有水或机械杂质时，在试验前必须经过脱水处理，用滤纸过滤除去机械杂质。

④ 选黏度计。根据试验的温度和试样的预计黏度选用适当的黏度计，使试样的流动时间在(300±180)s 范围内。

⑤ 吸取试样，安装黏度计(图 3-2)。将橡皮管套在支管 6 上，并用手指堵住管身 7 的管口，同时倒置黏度计，然后将管身 4 插入装有试样的容器中；这时利用橡皮球、水流泵或其他真空泵将液吸到标线 b 时，同时注意不要使管身 4、扩张部分 2 和 3 中的液体发生气泡和裂隙。当液面达到标线 b 时，就从容器里提起黏度计，并迅速恢复其正常状态，同时将管身 4 的管端外壁所沾着的多余试样擦去，并从支管 6 取下橡皮管套在管身 1 上，套上固定夹，浸入事先准备妥当的恒温浴中，在固定位置时，必须把毛细管黏度计的扩张部分 3 浸入一半。并调垂直，消除试样中的气泡。

⑥ 测量、计时。利用橡皮管将试样吸入黏度计扩张部分 3，使试样液面稍高于标线 a，并且注意不要让毛细管和扩张部分 3 的液体产生气泡和裂隙。此时观察试样在管身中的流动情况，液面正好到达标线 a 时，开动秒表；液面正好流到标线 b 时，停止秒表，记下用秒表测得的流动时间。

⑦ 重复测定至少四次，记录数据，其中各次流动时间与其算术平均值的差数应符合如下要求：在温度 15~100℃测定黏度时，这个差数不应超过算术平均值的±0.5%；在温度-30~15℃测定黏度时，这个差数不应超过算术平均值的±1.5%；在温度低于-30℃测定黏度时，这个差数不应超过算术平均值±2.5%。

⑧ 取不少于三次的流动时间所得的算术平均值，作为试样的平均流动时间。

⑨ 结束实验，仪器复位，清理物品，恢复现场。

五、实验成果及要求

实验台号：__________　　　　实验日期：__________

1. 原始数据记录(表 3-2)

表 3-2　油品运动黏度原始数据记录表

运动黏度测试仪编号			
试样名称			
试样温度/℃			
毛细管黏度计	规格		
	编号		
	黏度计常数		
流动时间/s	第一次		
	第二次		
	第三次		
	第四次		

2. 数据处理及计算

在温度 t 时，试样的运动黏度 ν_t，按下式计算

$$\nu_t = C \cdot \tau_t$$

六、分析思考

① 什么叫运动黏度？

② 叙述运动黏度的测定原理。

③ 为什么要规定毛细管黏度计中液体的流动时间范围？

④ 测定黏度时，为什么要严格控制恒温？

⑤ 运动黏度测定时试样中为什么不能有水分、机械杂质或气泡存在？

⑥ 测定时黏度计为什么要处于垂直状态？

实验二　石油产品黏温曲线的测定

一、实验目的

① 学会用毛细管黏度计测定石油产品运动黏度的方法；

② 观察石油产品黏度与温度变化的关系，并绘制黏温曲线。

二、实验仪器与材料

SYD-265D 型石油产品运动黏度测定器，变压器油。

三、实验原理

黏度是流体内摩擦大小的量度，即当流体受到外力作用后，其内部作相对运动时所产生的阻力。

所谓运动黏度就是相同温度下，液体的动力黏度与它的密度之比。其单位在 SI 制中为 m^2/s 或 mm^2/s，cgs 制为斯或沱，其百分之一即为厘斯或厘沱。在 0℃以上测定运动黏度时用品氏毛细管黏度计，在 0℃以下测定时用芬式毛细管黏度计。

油品黏度与温度的关系非常密切。温度对油品黏度的影响很大，随着油品温度升高，黏度迅速减小。油品黏度随温度变化的性质称为黏温性能，黏温性能好的油品，其黏度随温度变化而改变的幅度较，如图 3-3 所示。

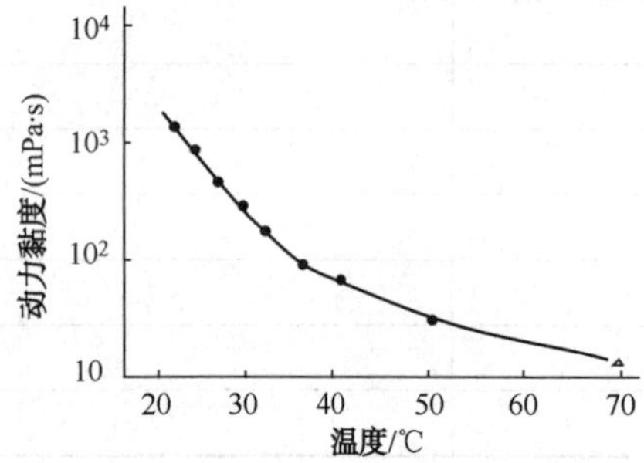

图 3-3　单剪速测量所得黏温曲线示意图

四、实验步骤

1. 准备工作

① 使用仪器前应仔细阅读使用说明书。

② 仔细阅读 GB/T 265—1998《石油产品运动黏度测定法和动力黏度计算法》，了解并熟悉标准所阐述的试验方法、试验步骤和试验要求。

③ 按标准所规定的要求，准备好实验用的各种实验器具、材料等。

④ 检查仪器的工作状态，使其符合说明书所规定的工作环境和工作条件。

⑤ 检查仪器的外壳，必须处于良好的接地状态；外接电源必需有良好的接地端。

2. 操作步骤

① 调节恒温浴温度，使达到测定温度。

② 试油如含水，实验前必须先脱水，并用滤纸过滤，除去机械杂质，将过滤后试油放

入小烧杯中。

③ 装入试油前，黏度计必须用轻汽油或者石油醚洗涤干净，如有沾污，可用铬酸洗液再用蒸馏水等仔细洗净。然后放入烘箱(烘箱温度不得高于100℃)烘干，或用经棉花过滤的热空气吹干。使用毛细管黏度计时一定要轻拿轻放；不能用力分开U形管两臂，及防折断损坏。

④ 吸取试样，安装黏度计(图3-2)。具体操作同实验一。

⑤ 将黏度计浸入恒温浴中，使黏度计扩张部分浸入一半，并用夹子将黏度计固定在支架上。将黏度计毛细管调整成垂直位置，须用铅垂线从两个交叉的方向检查毛细管的垂直位置。

⑥ 恒温浴中温度计的水银柱位置，必须与黏度计的毛细管中点处于同一水平面。

3. 注意事项

① 将恒温浴调节到规定的温度，试验温度在-30℃以上时，必须保持温度恒定到±0.1℃。

装好油的黏度计放入规定的恒温浴内，经过如表3-3所规定的预热时间，才能开始测定。

表3-3　黏度计在恒温浴中的预热时间

实验温度/℃	预热时间/min
100	≥20
50	≥15
20	≥10

② 用橡皮球通过管身所套着的橡皮管将试油吸入扩张部分，使油面稍高于标线a，但不得高于恒温浴的液面，并且注意不要使毛细管和扩张部分的液体产生气泡或者裂隙，让试油自由流下，当液面正好到达标线a时，就开动秒表，而当液面达到标线b时，停住秒表．记录试油流经的时间(秒数)。

在测定中，恒温浴的温度要保持不变，记录测定时间的温度，准确至0.1℃，并注意自由流下的试油不应有气泡。

每个试样至少重复测定四次，每次流动时间与其四次算术平均值之差数不应超过算术平均值的±0.5%。可以将误差大于0.5%的数据作废，将余下的至少三次数据的算术平均值作为这次试验的平均值。

③ 改变水浴的温度，进行不同温度下黏度的测定。

④ 每一试验温度应进行两次平行测定，在0~100℃温度下测定时，两次平行试验时，每次测定结果与算术平均值的差数，也不应超过算术平均值±0.5%。

五、实验成果及要求

实验台号：＿＿＿＿＿＿　　　　实验日期：＿＿＿＿＿＿

原始数据记录见表 3-4。

表 3-4　油品黏温曲线记录表

运动黏度测试仪编号					
试样名称					
温度/℃ 次数					
1					
2					
3					
4					
5					

根据表 3-4 绘制黏温曲线。

六、分析思考

① 黏度测定在实际生产中有何意义？

② 黏度计的尺寸为什么必须符合 GB 265—1988 规定？

③ 油品含水对黏度有什么影响？

实验三　油、水表面张力的测定实验

一、实验目的

① 掌握测定表(界)面张力的常用方法；

② 进一步了解油、水表面张力的物理概念。

二、实验装置

两种测定油、水表面张力的实验仪器，分别介绍如下：

实验仪器 1：JZHY-180 界面张力仪，如图 3-4 所示。实验方法与步骤：

① 用石油醚擦洗玻璃器皿和铂金环，使其无油迹，然后再用丙酮和蒸馏水冲洗；

② 调试仪器。首先通过观察水准泡，用水平螺旋 1 调整仪器水平；

③ 锁紧臂之制止器 7，将铂金吊环小心插入臂 9 下端的小孔中；

④ 放松样品座制止器 20，使样品座 3 落下；

⑤ 先在玻璃器皿中加入 20~25mL 的蒸馏水，置于样品座上；

⑥ 松开臂之制止器 7，观察刻度盘 4 上的游标 5 是否在零位；

⑦ 通过目镜 11 观察指针 8 与反射镜 6 中的红线是否水平，如果不是，通过 15 微调蜗轮把手调至水平；

⑧ 升起样品座 3，使铂金环没入蒸馏水 5mm，然后再将样品座降低使铂金吊环接近液面；

⑨ 扭动样品座螺丝 2，使铂金吊环的上沿漏出水面；

⑩ 保持指针与反射镜中的红线水平，同时转动样品座螺丝 2 和蜗轮把手 19 直到铂金吊环脱离液面，此时游标在刻度盘上的读数为溶液的表面张力值。

⑪ 蒸馏水测定结束后，将刻度盘上的游标退回零位，锁紧臂之制止器 7，放松样品座制止器 20；升起样品座 3 使铂金吊环没入蒸馏水 5mm 后将座制止器 20 锁紧；

⑫ 将煤油加入玻璃器皿中蒸馏水上约 5mm，让油水界面形成(30±1)s；

⑬ 调整座制止器 20 和样品座螺丝 2，使铂金吊环处在油水界面的位置；

⑭ 重复步骤⑩，读取刻度盘上的数值。

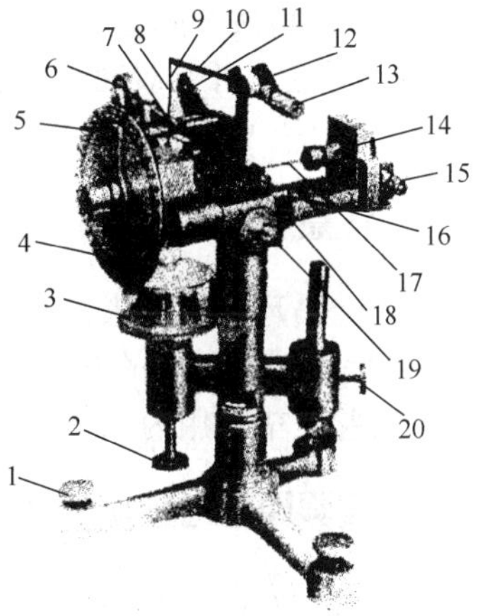

图 3-4　JZHY-180 界面张力仪

1—水平螺旋；2—样品座螺丝；3—样品座；4—刻度盘；5—游标；6—反射镜；7—臂之制止器 1；8—指针；9—臂 1；10—臂 2；11—反射镜；12—调节臂的螺母；13—游码；14—固定钢丝手母；15—微调蜗轮把手；16—水准泡；17—钢丝；18—臂之制止器 2；19—蜗轮手柄；20—样品座制止器

实验仪器 2：JYW-200C 型全自动张力仪

1. 系统硬件组成

系统由 PC 计算机，JYW-200C 全自动张力仪主机组成。

2. 实验方法与步骤

① 将电源插头插在具有可靠接地的外部电源插座上，打开电源开关．稳定 30min。

② 冲洗铂金环和玻璃杯。先在石油醚中清洗铂丝圆环，接着用丙酮漂洗，然后再煤气灯或酒精灯的氧化焰中加热。注意：在处理铂丝圆环时要特别小心，轻拿轻放，以免铂丝环变形。

③ 将铂金环挂在杠杆臂得小钩上，铂金环稳定后可以进行实验。

④ 运行程序，进入参数界面，输入参数，确认后进入到主界面。此时可以调零，调整范围是 0.0~10.0mN/m。若在此范围内，张力值显示 0.0，可以做实验。若不在此范围，需要调整升降杆，直至达到调整范围。

⑤ 测液体的张力(表面张力和界面张力)。

A. 测液体的表面张力，把调整到 25℃的试样倒入玻璃杯中，20~25mm 高。将玻璃杯放在托盘中间位置，调整好零点后，按上升键，铂金环将与被测液体接触，使铂金环深入到液体中 5~7mm，这时按停止键。按下“试验”键进行试验。按“下降键”，托盘和被测液体开始下降，计算机会自动绘制曲线，力值窗口显示随机值。待铂金环脱离出试样液面后，此时试验完毕按“停止”键，曲线窗口显示出实测最大张力值 P 和实际张力值 V。此时，可以按“保存曲线”键保存曲线。

B. 测两种液体的界面张力。以石油产品油对水的界面张力为例。把一定量的 25℃蒸馏水倒入玻璃杯中，将玻璃杯放在托盘中间位置。升高托盘使铂金环深入到液体中 5~7mm 深度。在蒸馏水上慢慢沿玻璃杯边缓慢倒入已调至 25℃的试样(油)约 10mm 的高度，并注意不要使圆环触及油-水界面。让油水界面保持 30s。此时按下试验键进行试验，计算机会自动绘制曲线。再按下降键，托盘和被测液体开始下降，力值窗口显示随机值。待铂金环穿过油-水界面之后，并在脱离油上界面之前，按下停止键。此时曲线窗口显示实测最大张力值 P 和实际张力值 V。此时，点击保存曲线键可以保存曲线。

三、注意事项

① 铂金吊环是界面张力仪的重要部件，操作时要特别小心，不要使铂金吊环变形或断开，注意保持铂金吊环的圆度；

② 实验完毕后用丙酮将玻璃器皿和铂金吊环擦拭干净，放回原处。

四、实验原理与数据处理

界面张力仪是通过蜗轮副的旋转对钢丝施加扭力，并使该扭力与液体表明接触的铂金环对液体的表面张力相平衡，当扭力继续增加、液面被拉破时，钢丝扭转的角度用刻度盘上的游标指示出来，此值就是 M 值，用 mN/m 表示。最后用 M 乘以校正因子 F，即得出液体实际表面张力值 δ。

$$\delta = M \times F \tag{3-3}$$

$$F = 0.7250 + \sqrt{\frac{0.03678M}{r_r^2(\rho_0 - \rho_1)} + 0.04534 - \frac{1.679r_w}{r_r}} \tag{3-4}$$

式中 ρ_0——下相25℃时的密度，g/mL；

ρ_1——上相25℃时的密度，g/mL；

r_w——铂金丝的半径，0.3mm；

r_r——铂金丝的平均半径，9.55mm。

通过所测蒸馏水表(界)面张力值与蒸馏水标准表(界)面张力值相比较，可以得到仪器本身的误差，考虑误差因素，对所测油水界面张力进行校正，从而得到油水界面张力值。

五、实验结果分析

六、实验分析与讨论

① 有哪些因素影响实验精度？

② 蒸馏水的表面张力与油水表面张力有什么不同？为什么？

实验四　流体静力学实验

一、实验目的要求

① 掌握用测压管测量静水中点压强的技能；

② 验证不可压缩流体静力学基本方程；

③ 测量某种油的重度。

二、实验装置

实验装置如图 3-5 所示。

说明：

① 所有测压管液面标高均以标尺(测压管 2)零读数为基准；

② 仪器名牌所注▽ B、▽ C、▽ D 系测点 B、C、D 标高；若同时取标尺零点作为静力学基本方程的基准，则▽ $B=Z_B$；▽ $C=Z_C$；▽ $D=Z_D$；

③ 本仪器中所有阀门旋柄顺轴线为开。

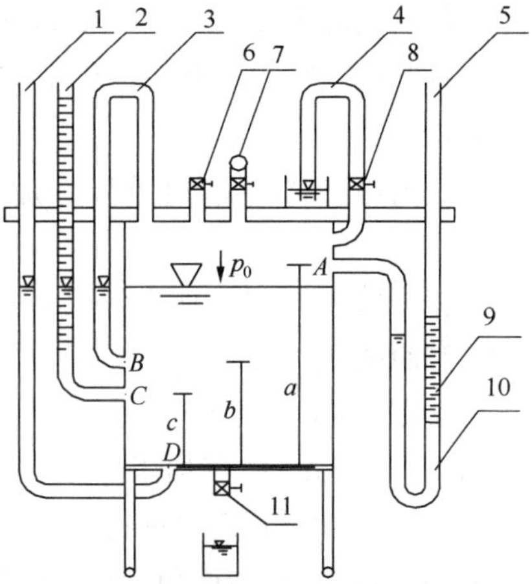

图 3-5　流体静力学实验仪器装置图

1—测压管；2—带标尺的测压管；3—连通管；4—真空测压管；5—U 型测压；6—通气阀；7—加压打气球；8—截止阀；9—油柱；10—水柱；11—减压放水阀

三、实验原理

重力作用下不可压缩流体静力学基本方程

$$Z + \frac{p}{\gamma} = \text{const} \tag{3-5}$$

$$p = p_0 + \gamma h \tag{3-6}$$

式中　Z——被测点在基准面以上的位置高度；

p——被测点的静水压强；

γ——液体的重度；

h——被测点的液体深度。

另对水和油 U 型测管(图 3-6 和图 3-7)，应用等压面可得油的相对密度：

$$S_0 = \frac{\gamma_o}{\gamma_w} = \frac{h_1}{h_1 + h_2}$$

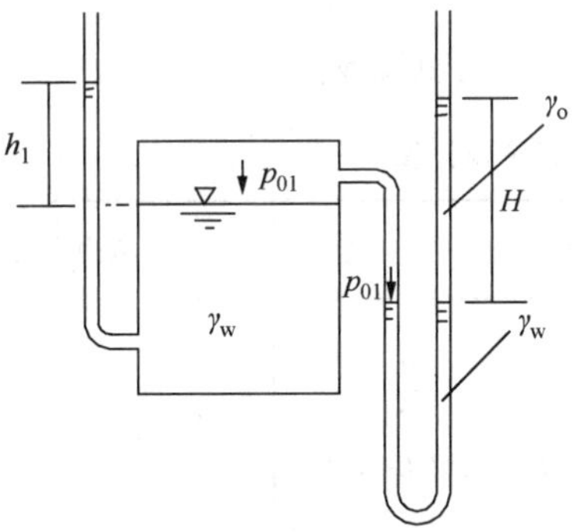

图 3-6　水 U 型测管

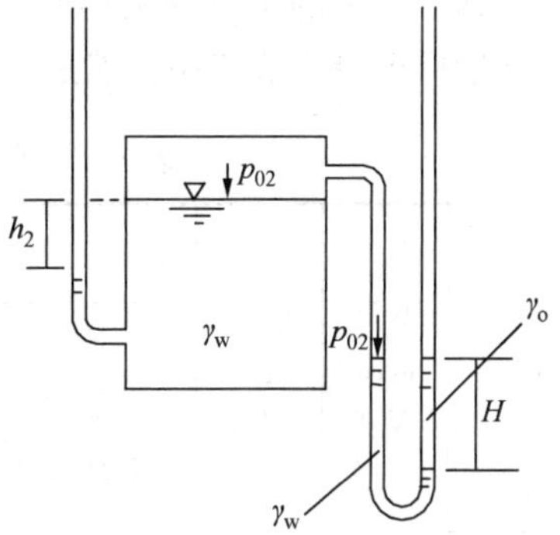

图 3-7　油 U 型测管

四、实验步骤

1. 检查各阀门的开关

加压方法：关闭所有阀门，然后用打气球充气；

减压方法：开启底阀放水；

2. 检查仪器是否密封

加压后检测测管液面高程是否恒定；若下降，表明漏气，应查明原因并加以处理。

3. 记录仪器号及各项常数(表 3-5)

4. 量测点静压强(用 cmH_2O 表示)

① 打开通气阀 6(此时 $p_0=0$)，记录水箱液面标高▽ 0 和测压管 2 液面标高▽ H(此时▽ 0=▽ H)。

② 关闭通气阀 6 及截止阀 8，加压使之形成 $p_0>0$。测记▽ 0 及▽ H(取不同数值，重复实验三次)。

③ 打开放水阀 11，使之形成 $p_0<0$，测记▽ 0 及▽ H(取不同数值，重复实验三次)。

5. 测油的相对密度 S_0

开启通气阀 6，测记▽ 0；

关闭通气阀 6，打气加压($p_0>0$)，微调放气螺母使 U 型管中水面与油水交界面齐平，测记▽ 0 及▽ H(此过程反复进行三次)。

打开通气阀，待液面稳定后，关闭所有阀门；然后开启放水阀 11 降压($p_0<0$)，使 U 型管的水面与油面齐平，测记▽ 0 及▽ H(此过程反复进行三次)。

五、实验成果及要求

实验台号：____________ 实验日期：____________

各测点的标尺读数：

▽ B=____________ ▽ C=____________ ▽ D=____________

γ_w=____________

水静压强测量后记录于表 3-5。根据数据表分别求出各次测量时 A、B、C、D 点的压强，并选择一基准验证静水压强基本方程式。

油重度测量后记录于表 3-6，然后根据数据求出油的重度 γ_0。

表 3-5 水静压强测量记录及计算 cm

实验条件	次序	水箱液面▽ 0	测压管液面▽ H	压强水头			测压管水头	
				$\frac{p_A}{\gamma}$=▽ H-▽ 0	$\frac{p_B}{\gamma}$=▽ H-▽ B	$\frac{p_C}{\gamma}$=▽ H-▽ C	$Z_C+\frac{p_C}{\gamma}$	$Z_D+\frac{p_D}{\gamma}$
$p_0=0$	1							
$p_0>0$	1							
	2							
	3							
$p_0<0$(其中一次 $p_B<0$)	1							
	2							
	3							

注：表中基准面选在__________ Z_C =__________ cm；Z_D =__________ cm

表 3-6 油重度测量记录及计算表格

条 件	次序	水箱液面标尺读数 $\nabla 0$	测压管液面标尺读数 ∇H	$h_1=\nabla H-\nabla 0$	$\overline{h_1}$	$h_2=\nabla 0-\nabla H$	$\overline{h_2}$	$\frac{\gamma_0}{\gamma_w}=\frac{\overline{h_1}}{\overline{h_1}+\overline{h_2}}$
$p_0>0$ 且 U 型管中水面与油水交界面齐平	1							S_0 = γ_0 = N/cm^3
	2							
	3							
$p_0<0$ 且 U 型管中水面与油面齐平	1							
	2							
	3							

六、实验分析与讨论

① 同一静止液体内的测压管水头线是根什么线？

② 当 $p_B<0$ 时，试根据记录数据，确定水箱内的真空区域。

③ 若再备一根直尺，试采用另外最简便的方法测定 γ_0。

④ 如果测压管太细，对测压管液面的读数将有何影响？

⑤ 过 C 点做一水平面，相对于 1、2、5 管及水箱中液体而言，这个水平面是不是等压面？哪一部分液体是同一等压面？

第四章　稳定总流基本方程实验

实验五　伯努利方程实验

一、实验目的

① 验证流体稳定总流的能量方程；

② 掌握流速、流量、压力等要素的实验测量技能；

③ 用于实验分析研究管流总水头与测压管水头的沿程变化规律及位能、压力能、动能、水力损失能之间的转换关系。

二、实验装置

实验装置如图 4-1 所示。

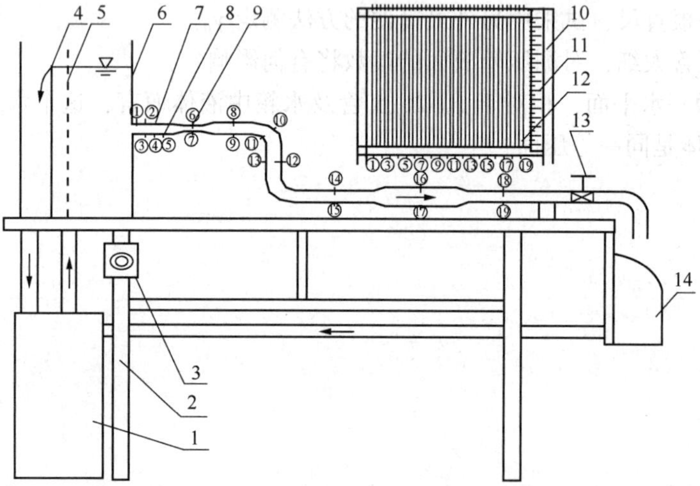

图 4-1　自循环伯努利方程实验装置图

1—自循环供水器；2—实验台；3—可控硅无级调速器；4—溢流板；5—稳水孔板；6—恒压水箱；7—实验管道；8—测压点；9—毕托管；10—测压计；11—滑动测量尺；12—测压管；13—实验流量调节阀；14—回水漏斗

说明：实验流量用阀 13 调节，流量由体积时间法测量(以后实验类同)。

三、实验原理

若液体在管内的流动是稳定流，分别取有效断面 1-1 和 2-2，则相对于同一水平基准面，实际流体总流的伯努利方程为

$$z_1+\frac{p_1}{\rho g}+\frac{\alpha_1 v_1^2}{2g}=z_2+\frac{p_2}{\rho g}+\frac{\alpha_2 v_2^2}{2g}+h_w \tag{4-1}$$

由于 z、$p/\rho g$、$\alpha v^2/2g$ 每一项都是长度单位，都表示了一个高度(即 z 为位置水头，$p/\rho g$ 为压力水头，$\alpha v^2/2g$ 为速度水头，h_w 为 1-1 和 2-2 断面间的水头损失)。因此，伯努利方程式也可用几何图形来表示。

连接总流各断面 $\left(z+\frac{p}{\rho g}\right)$ 的顶点而形成的线即为测压管水头线；连接总流各断面 $\left(z+\frac{p}{\rho g}+\frac{\alpha v^2}{2g}\right)$ 的顶点而形成的线即为总水头线。从这两条线的走向可以说明各种水头沿流程变化的规律。

四、实验步骤

① 记录仪器号及各常数。

② 熟悉实验设备，分清哪些测管是普通测压管，哪些是毕托管测压管，以及两者功能的区别。

③ 打开开关供水，使水箱充水，待水箱溢流，检查调节阀关闭后所有测压管水面是否齐平。如不平则需查明故障原因(例如：连通管受阻、漏气或夹气泡等)并加以排除，直至调平。

④ 打开流量调节阀 13，观察思考：

a. 测压管水头线和总水头线的变化趋势；

b. 位置水头、压强水头之间的相互关系；

c. 测点②、③测管水头同否？为什么？

d. 测点⑩、⑪测管水头是否不同？为什么？

e. 当流量增加或减少时测管水头如何变化？

⑤ 调节流量调节阀 13 开度，待流量稳定后，测记各测压管液面读数，同时测记实验流量(毕托管供演示用，不必测记读数)。

⑥ 改变流量 2 次(大到小)，重复上述测量。其中一次阀门开度达到使 19 号测管液面接近标尺零点。

⑦ 实验结束，进行成果分析。

五、实验数据与处理

实验台号：__________

① 把有关常数记入表 4-1。

均匀段 D_1=__________ cm；缩管段 D_2=__________ cm；扩管段 D_3=__________ cm；

水箱液面高程▽ 0=__________ cm；上管道轴线高程▽ z=__________ cm。

② 测量 $\left(z+\frac{p}{\rho g}\right)$ 并记入表 4-2。

③ 测量总水头表并记入表 4-3。

④ 计算数值记入表 4-4。

表 4-1　管径记录表

测点编号	1*	2 3	4	5	6* 7	8* 9	10 11	12* 13	14* 15	16* 17	18* 19
管径/cm											
两点间距/cm	4	4	6	6	4	13.5	6	10	29	16	16

注：(1) 打“ * ”者为毕托管测点；

(2) 2、3 为直管均匀流段同一断面上的两个测压点，10、11 为弯管非均匀流段同一断面上的两个测点。

表 4-2　测记$\left(z+\dfrac{p}{\rho g}\right)$数值表(基准面选在标尺的零点上)

测点编号		2	3	4	5	7	9	10	11	13	15	17	19	$Q/(cm^3/s)$
实验次数	1													
	2													
	3													

表 4-3　测记总水头表

测点编号		1*	6*	8*	16*	$Q/(cm^3/s)$
实验次数	1					
	2					
	3					

表 4-4　计算数值表

测点编号		2 3	4	5	7	9	13	15	17	19	$Q_{显}/(cm^3/s)$	$Q_{测}/(cm^3/s)$
实验次数	1											
	2											
	3											

⑤ 计算表 4-4 总水头。

⑥ 绘制上述成果中最大流量下的总水头线和测压管水头线。(可自选比例绘制)

六、思考题

① 根据实验分析测压管水头线和总水头线的变化趋势有何不同？为什么？

② 根据本实验研究分析，测压管水头线有何变化？为什么？

③ 为什么在绘制水头线时，测点 10、11 应舍弃？

④ 计算毕托管处管壁流速、轴线流速、平均流速的值，并讨论他们之间的关系。

实验六　动量方程实验

一、实验目的

① 通过定量测量实验，进一步掌握流体动力学的动量守恒定理，验证不可压缩流体稳

定总流的动量方程；

② 通过对动量与流速、流量、出射角度、动量矩等因素间相关性的分析研究，进一步掌握流体动力学的动量守恒定理；

③ 测定动量修正系数。

二、实验装置

实验装置如图 4-2 所示。

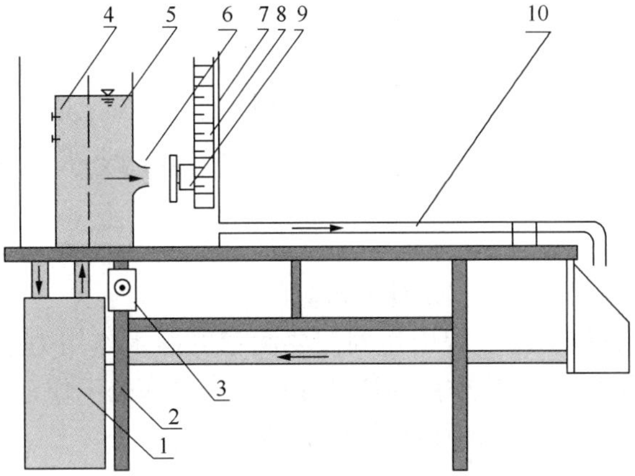

图 4-2　动量方程实验装置图

1—自循环供水器；2—实验台；3—可控硅无级调速器；4—水位调节阀；5—恒压水箱；6—管嘴；7—集水箱；8—带活塞的测压管；9—带活塞和翼片的抗冲平板；10—上水水管

三、实验原理

1. 仪器工作原理

自循环供水装置 1 由离心式水泵和蓄水箱组合而成。水泵的开启、流量大小的调节由带开关的可控硅无级调节器 3 控制。水流经供水管供给恒压水箱 5，溢流水经回水管流回蓄水箱。工作水流经管嘴 6 形成射流，射流冲击到带活塞和翼片的抗冲平板 9 上，并以与入射角成 90°的方向离开冲击平板。带活塞的抗冲平板在射流冲力和测压管 8 中的水压力作用下处于平衡状态。水深 h_c 可由带活塞的测压管 8 测出，由此可求得射流的冲力，即动量力为 F。冲击后的弃水经集水箱 7 汇集后，再经上水水管 10 流出，出口处用体积法或重量法测定流量。水流最后经漏斗和下回水管流回蓄水箱。

为了自动调节测压管内的水位，以使带活塞的平板受力平衡以及减小摩擦阻力对活塞的作用，实验装置应用了自动控制的反馈原理和动摩擦减阻技术，具有如下的结构：

带活塞和翼片的抗冲平板 9 和带活塞套的测压管 8 如图 4-3 所示，该图是活塞退出活塞套时的分部件示意图。活塞中心设有一细导水管 a，进口端位于平板中心，出口端伸出活塞头部，出口方向与轴向垂直。在平板上设有翼片 b，在活塞套上设有窄槽 c。

工作时，在射流冲击力作用下，水流经导水管 a 向测压管内加水。当射流冲击力大于测压管内水柱对活塞的压力时，活塞内移，窄槽 c 关小，水流外溢减少，使测压管内水位升高，水压力增大。反之，活塞外移，窄槽开大，水流外溢增多，测管内水位降低，水压力减小。在稳定射流冲击下，经短时段的自动调整，即可达到射流冲击力和水压力的平衡状态，这时活塞处在半进半出、窄槽部分开启的位置上，过 a 流进测压管的水量和过 c 外溢的水量相等。由于平板上设有翼片 b，在水流冲击下，平板带动活塞旋转，因而克服了活塞在沿轴向滑移时的静摩擦力。

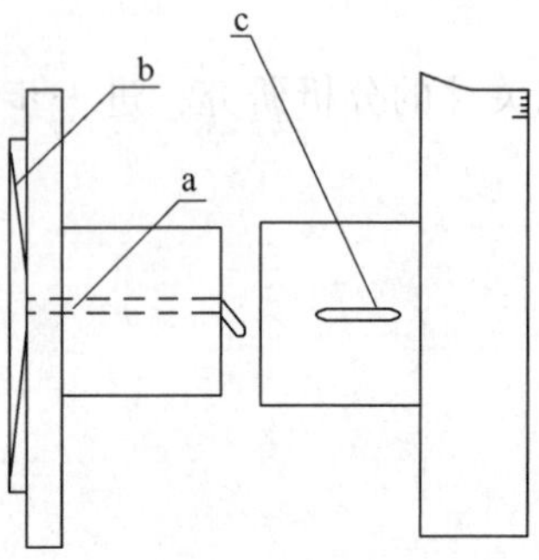

图 4-3　抗冲平板 9 和测压管 8 示意图

为验证本装置的灵敏度，只要在实验中的稳定流受力平衡状态下，人为地增减测压管中液位高度，可发现即使该变量不足总液柱高度的±5%，（约 0.5～1mm），活塞在旋转下亦能有效的克服动摩擦力而做轴向位移，开打或减小窄槽 c，使过高的水位降低或过低的水位提高，恢复到原来的平衡状态。这表明该装置的灵敏度高达 0.5%，亦即活塞轴向动摩擦力不足动量力的 5‰。

2. 实验基本原理

（1）测量活塞中心点的静水压强来计算水流的冲力

利用自动反馈原理，使实验过程中达到需要测量的静水作用力与射流的冲击力自动平衡。射流冲击在平板上的冲力全部作用在活塞体中，当活塞处于稳定位置时，只需测得活塞所受到的静水作用力，便可足够精确地得知射流的冲击力。

（2）稳定总流动量方程

$$\vec{F} = \rho Q(\beta_2\vec{v}_2 - \beta_1\vec{v}_1) \tag{4-2}$$

取脱落体如图 4-4 所示，因滑动摩擦阻力水平分力 $f_x = 0.5\%F_x$，可忽略不计，在 x 方向上的动量方程为：

$$F_x = -p_cA = -\gamma h_c \frac{\pi}{4}D^2 = \rho Q(0 - \beta_1 V_{1x})$$

即：

$$\beta_1\rho QV_{1x} - \frac{\pi}{4}\gamma h_c D^2 = 0 \tag{4-3}$$

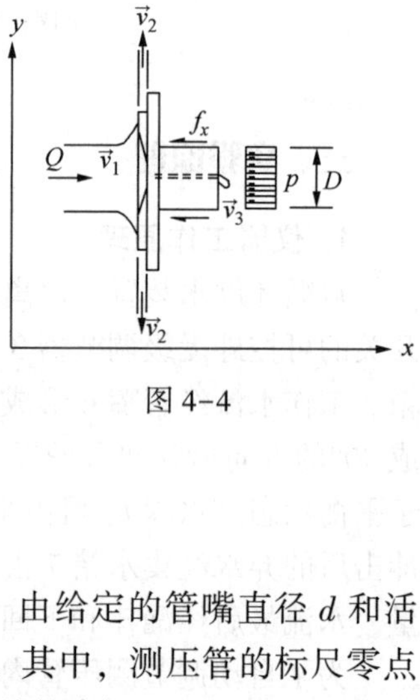

图 4-4

式中　h_c——作用在活塞圆心处的水深，cm；

D——活塞的直径，cm；

Q——射流流量，cm³/s；

V_{1x}——射流的速度，cm/s；

β_1——动量修正系数。

实验中，在平衡状态下，只要测量流量 Q、测管液柱 h_c 值，由给定的管嘴直径 d 和活塞直径 D，便可验证动量方程并确定射流的动量修正系数 β_1 值。其中，测压管的标尺零点已固定在活塞的圆心处，标尺的液面读数，即为作用在活塞圆心处的水深。

四、实验步骤

① 准备。熟悉实验装置各部分名称、结构特征、作用性能，记录有关常数。

② 开启水泵。打开调速器开关，水泵启动 2～3min 后，短暂关闭 2～3s，以利用回水排除离心式水泵内滞留的空气。

③ 调整测压管位置。待恒压水箱满顶溢流后，松开测压管固定螺丝，调整方位，要求

测压管垂直、螺丝对准十字丝中心，使活塞转动松快。然后旋转螺丝固定好。

④ 活塞形心处水深 h_c 测量。标尺的零点已固定在活塞圆心的高程上。当测压管内液面稳定后，记下测压管内液面的标尺读数，即为作用在活塞形心处的水深 h_c 值。

⑤ 管嘴作用水头测量。管嘴作用水头是指水箱液面至管嘴中心的垂直深度，在水箱的侧面上刻有管嘴中心线，用直尺测读水箱液面及中心线的值，其差值即为管嘴作用水头值。

⑥ 改变水头重复实验。逐次打开不同高度上的溢水孔盖，改变管嘴的作用水头。调节调速器，使溢流量适中，待水头稳定后，按步骤④、步骤⑤重复进行实验。

⑦ 验证 $V_{2x} \neq 0$ 对 F_x 的影响。取下平板活塞，使水流冲击到活塞套内，调整好位置，使反射水流的回射角度一致，记录回射角度的目估值、测压管作用水深和管嘴作用水头。

⑧ 实验结束，进行成果分析。

五、实验数据与处理

实验台号：__________

① 记录有关常数：

管嘴内径 d __________ cm，活塞直径 D= __________ cm。

② 取某一流量，绘出隔离体图，阐明分析计算的过程(参见图 4-3，图 4-4 及表 4-5)。

表 4-5　测量记录表及计算表

测量次数	体积 V/cm^3	时间 t/s	流量 Q/(cm^3/s)	平均流量/(cm^3/s)	管嘴作用水头 H_0/cm	活塞作用水头 h_c/cm	流速 v/(cm/s)	动量力 F	动量修正系数 β_1
1									
2									
3									
4($v_{2x} \neq 0$)									

注：实测 β 与公认值(β=1.02~1.05)应符合。

六、思考题

① 为什么在实验的过程中要求水流稳定？

② 通过细导水管 a 的分流，其出流角度为什么需垂直 v_{1x}？

③ v_{2x}若不为零，会对实验结果带来什么影响？试结合实验步骤⑦的结果予以说明。

实验七　管嘴出流动量修正因数与边界层厚度测量

一、实验目的

① 应用测量管嘴流量因数的方法，测定流线型管嘴射流的动量修正因数与边界层厚度；

② 提高对孔口管嘴理论、边界层理论及流体动力学基本理论的综合应用能力；

③ 通过与动量定律实验中测量动量修正因数方法的实验对照，启发实验新思路，培养实验创新能力。

二、实验装置

实验装置如图 4-2 所示。

三、实验原理

1. 圆管进口起始段边界层发展

根据平板边界层理论，圆管进口起始段流速分布是沿程变化的。如图 4-5 所示，流体由水箱经光滑喇叭形进口流入管道，其速度最初在整个过水断面上几乎是均匀的，但随着沿流程的边界层发展，流速在边壁附近渐减，直至 A–B 断面，边界层已充分发展，沿流程流速分布才不再变化。完整的湍流起始段长度经验值为 $L_e=(50\sim100)d$。

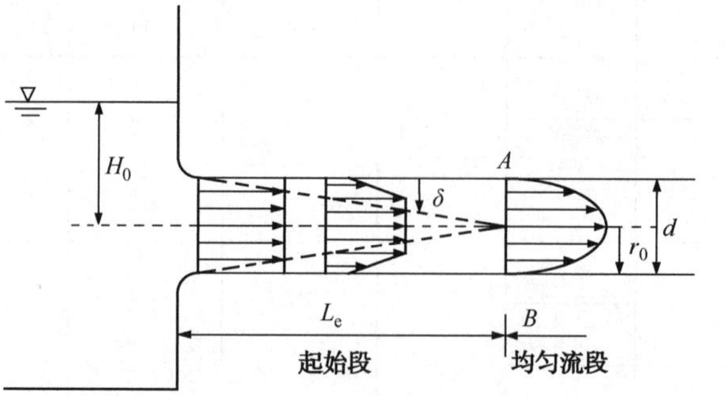

图 4-5　圆管进起始段边界层发展

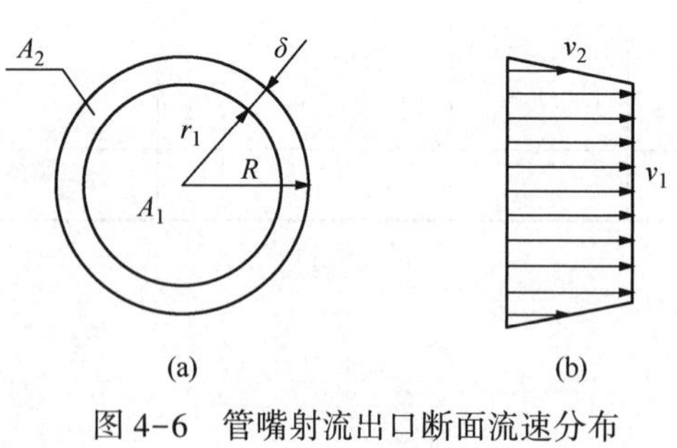

图 4-6　管嘴射流出口断面流速分布

2. 喇叭形进口管流流速分布

如图 4-2 所示实验装置喇叭形进口管嘴 6 的长度为 $l=3.33d$，相对于图 4-5 的起始段中的很短一段，因边界层很薄，故出口处的流速分布如图 4-6(b)所示，主流区流速为 v_1，均匀分布，射流边界附近流速为 v_2，近似按线性分布。图 4-6(a)中 R 为管嘴的内半径，也即射流的半径，r_1 为射流主流区半径，δ 为存在流速梯度的射流边界层厚度；A_1 为射流主流区面积；A_2 为边界层区域面积。

显然：$$u_1=\varphi'\sqrt{2gH_0}=\varphi' u_{\max}$$

式中 φ'——点流速因数（注意，不同于管嘴出流平均流速的流速因数 φ）；

H_0——管嘴作用水头。

流量即为流速分布图——圆台的体积，有管嘴出流基本公式：

$$q_v=\frac{1}{3}\pi u_1[R^2+(R-\delta)^2+R(R-\delta)]=\frac{1}{3}\pi\varphi' u_{\max}(3R^2-3R\delta+\delta^2) \tag{4-4}$$

在一定水头 H_0 作用下管嘴自由出流时的流量 q_v，可用下式计算：

$$q_v=Av=\varphi u_{\max}A=\mu u_{\max}\pi R^2 \tag{4-5}$$

式中 A——管嘴断面面积；

μ——管嘴流量因数，在管嘴出流中，$\mu=\varphi$。

3. 边界层厚度

联立式(4-4)、式(4-5)并简化可得

$$\left(\frac{\delta}{R}\right)^2-3\frac{\delta}{R}+3\left(1-\frac{\mu}{\varphi'}\right)=0$$

解得

$$\delta=R\cdot\frac{3-\sqrt{\frac{12\mu}{\varphi'}-3}}{2} \tag{4-6}$$

因主流区不受边界影响，管嘴作用水头势能几乎全部转变为流速水头。由毕托管测速与修正因数标定实验结果知，主流区 $\varphi'=0.993\sim0.996\approx0.995$。若再由实验测定管嘴流量因数 μ，则可得出边界层厚度 δ 值。

4. 动量修正因数

据动量修正因数定义，有

$$\beta=\frac{\int_A u^2\mathrm{d}A}{v^2A}=\frac{\int_{A1}u_1^2\mathrm{d}A_1+\int_{A2}u_2^2\mathrm{d}A_2}{\mu^2u_{\max}^2\pi R^2} \tag{4-7}$$

其中 $$\begin{cases}u_1=\varphi' u_{\max} & (r\leqslant r_1)\\ u_2=\dfrac{u_1}{\delta}(R-r) & (r_1<r\leqslant R)\end{cases}$$

积分得

$$\int_{A1}u_1^2\mathrm{d}A_1=\int_0^{R-\delta}\varphi'^2u_{\max}^2 2\pi r\mathrm{d}r=\pi R^2\varphi'^2u_{\max}^2\left(1-\frac{\delta}{R}\right)^2 \tag{4-8}$$

$$\begin{aligned}\int_{A_2}u_2^2\mathrm{d}A_2&=\int_{R-\delta}^{R}\left[\frac{u_1}{\delta}(R-r)\right]^2 2\pi r\mathrm{d}r\\&=2\pi\frac{\varphi'^2u_{\max}^2}{\delta^2}\left[\int_{R-\delta}^{R}\frac{1}{2}(R-r)^2\mathrm{d}(R-r)^2-\int_{R-\delta}^{R}(R-r)^2R\mathrm{d}(R-r)\right]\\&=2\pi R^2\varphi'^2u_{\max}^2\left[\frac{1}{3}\frac{\delta}{R}-\frac{1}{4}\left(\frac{\delta}{R}\right)^2\right]\end{aligned} \tag{4-9}$$

将式(4-8)与式(4-9)代入式(4-7)，得

$$\beta = \frac{1 - \frac{4}{3}\frac{\delta}{R} + \frac{1}{2}\left(\frac{\delta}{R}\right)^2}{\left(\frac{\mu}{\varphi'}\right)^2} \tag{4-10}$$

于是由 φ'、μ 及 δ 值，便可得出 β 值。

四、实验内容与方法

① 现要求应用测量管嘴流量因数的方法，测定图 4-5 所示的实验装置中喇叭形进口管嘴出口射流的动量修正因数 β 值与出口处射流的边界层厚度 δ 值。由管嘴出流公式 $q_v = \mu A\sqrt{2gH_0}$ 可知，只要实验测定流量 q_v，管嘴作用水头 H_0，即可测定 μ。进而得 δ/R、β。

② q_v 和 H_0 的测量方法参照动量定律实验中的操作方法。

五、数据处理及成果要求

1. 记录有关信息及实验常数

实验设备名称：__________　　　试验台号：__________

实验者：________________　　　实验日期：__________

管嘴内径 d=__________$\times 10^{-2}$m

2. 实验数据记录及计算结果

q_v=__________$\times 10^{-6}\text{m}^3/\text{s}$；$H_0$=__________$\times 10^{-2}$m；

A=__________$\times 10^{-4}\text{m}^2$；μ=__________；

δ/R=__________；β=__________。

3. 成果要求

① 将实测结果与动量定律实验中测量的动量修正因数值作比较，如有误差请分析原因。

② 确定管嘴出口断面上射流边界层的厚度。

六、分析思考题

① 比较该种测量动量修正因数方法与动量定律实验中的方法的优缺点及其误差来源。

② 已知管嘴长度为 33mm，管嘴流出口断面边界层厚度为 0.323mm，管径为 d。试根据管嘴边界层的发展趋势，参见图 4-5，计算喇叭形进口的圆管起始段长度 L_e 是管径 d 的多少倍？

实验八　流量测量综合实验

一、实验目的

① 学习运用文丘里流量计测量流体的流量；

② 学习运用毕托管测量流量；

③ 通过实验与量纲分析，了解应用量纲分析与实验结合研究水力学问题的途径，进而掌握文丘里流量计的水力特性。

二、实验装置

实验装置如图 4-7 所示。

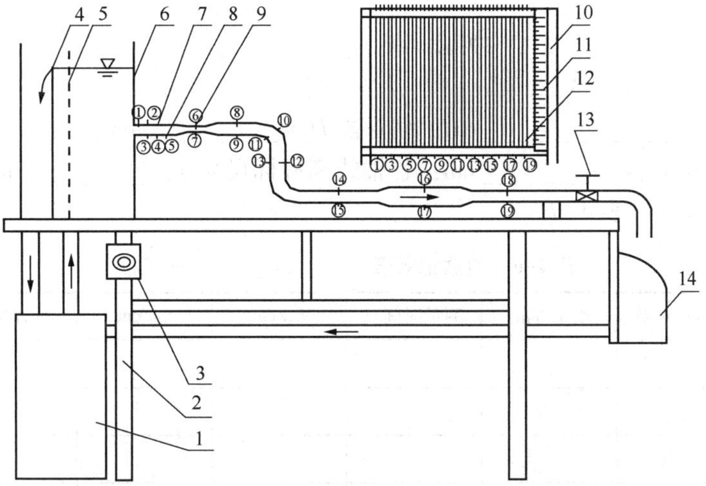

图 4-7　文丘里流量计实验装置图

1—自循环供水器；2—实验台；3—可控硅无级调速器；4—溢流板；5—稳水孔板；6—恒压水箱；7—实验管道；8—测压点；9—毕托管；10—测压计；11—滑动测量尺；12—测压管；13—实验流量调节阀；14—回水漏斗

说明：实验流量用阀 13 调节，流量由体积时间法量测。

三、实验原理

根据能量方程和连续性方程，可得节流式流量计的流量方程：

$$Q' = \frac{\frac{\pi}{4}d_1^2}{\sqrt{\left(\frac{d_1}{d_2}\right)^4 - 1}}\sqrt{2g[(Z_1 + p_1/\gamma) - (Z_2 + p_2/\gamma)]} = K\sqrt{\Delta h}$$

$$K = \frac{\pi}{4}d_1^2\sqrt{2g}/\sqrt{(d_1/d_2)^4 - 1} \tag{4-11}$$

式中，Δh 为两断面测压管水头差；由于阻力的存在，实际通过的流量 Q 恒小于 Q'，引入一无量纲系数(文丘里流量系数 μ)。

$$Q = \mu Q' = \mu K\sqrt{\Delta h} \tag{4-12}$$

四、实验方法与步骤

① 测记各有关常数。

② 打开开关供水，使水箱充水，待水箱溢流，检查调节阀关闭后测压管水面是否齐平，如不平则需查明故障原因(例如：连通管受阻、漏气或夹气泡等)并加以排除，直至调平。

③ 全开流量调节阀 13，待水流稳定后，读取电测仪读数(若有波动取平均值)，并用秒表、小桶测定流量，并把测量值记入表格内。

④ 逐次关小阀门，改变流量 7~9 次，重复步骤④，注意缓慢调节阀门。

⑤ 实验结束全关阀 13，观察电测仪是否归零。不归零重新实验。

五、实验成果及要求

实验台号：__________ 实验日期：__________

有关常数：

均匀段 D_1 =________________ cm；缩管段 D_2 =__________ cm；

水箱液面标尺 ∇_0 =__________ cm；管轴线高程标尺 ∇ =__________ cm。

记录表见表 4-6、表 4-7。

表 4-6 数据记录表 K=______ $cm^{2.5}/s$

次 数	电测仪读数	水量/cm^3	测量时间/s	h_5/cm	h_7/cm	h_{14}/cm	h_{15}/cm
1							
2							
3							
4							
5							
6							
7							
8							
9							

计算表(表 4-7)。

表 4-7 计算表

次 数	$Q_{仪}$	Q/(cm^3/s)	$Q'=K\sqrt{\Delta h}$/(cm^3/s)	$Q_{毕}$
1				
2				
3				
4				
5				
6				
7				
8				
9				

将 Q' 与 $Q_{仪}$、Q、$Q_{毕}$ 进行比较，并进行误差分析。

试用量纲分析法推导流量关系式。

实验九　毕托管测速实验

一、实验目的

① 测量管嘴淹没出流点流速及点流速系数，掌握用毕托管测量点流速的技能；

② 了解普朗特型毕托管的构造和适用性，并检验其量测精度，进一步明确传统流体力学量测仪器的作用。

二、实验装置

实验装置如图 4-8 所示。

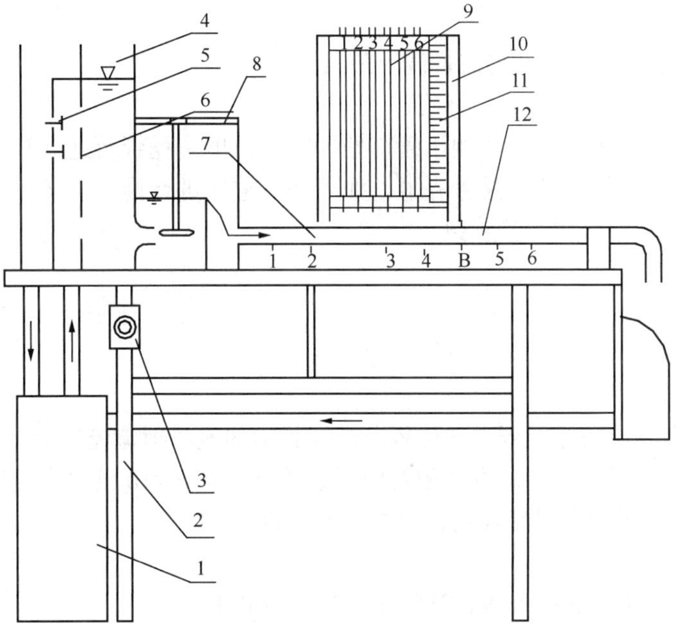

图 4-8　毕托管实验装置图

1—自循环供水器；2—实验台；3—可控硅无级调速器；4—水位调节阀；5—恒压水箱；6—管嘴；7—毕托管；8—尾水箱与导轨；9—测压管；10—测压计；11—滑尺；12—上回水管

说明：测压计 10 的测压管 1、2 用以测量高低水箱的位置水头；测压管 3、4 用以测量测量毕托管的全压水头和静压水头。水位调节阀 4 用以改变测点流速。

三、实验原理

$$v = c\sqrt{2g\Delta h} = k\sqrt{\Delta h}$$
$$k = c\sqrt{2g} \tag{4-13}$$

式中　v——毕托管测点处的点流速；

c——毕托管的校正系数；

Δh——毕托管的全压水头与静压水头差。

$$v = \phi' \sqrt{2g\Delta H} \tag{4-14}$$

联解式(4-13)与式(4-14)可得： $\phi' = c\sqrt{\Delta h/\Delta H}$

式中 v——毕托管测点处的点流速；

ϕ'——测点的流速系数；

ΔH——管嘴的作用水头。

四、实验方法和步骤

1. 准备

① 熟悉实验装置各部分名称测压管及作用性能，搞清构造特征、实验原理。

② 用医塑管将上下游水箱测点分别与测管 1、2 相连通；

③ 将毕托管对准管嘴，距离管嘴 2~3cm 处，上紧固螺丝。

2. 开启水泵

顺时针打开调速器开关 3，将流量调至最大。

3. 排气

待上下游溢流后，用吸气球在测压管口处抽吸，排出毕托管及连通管中的气体，用静水匣罩住毕托管，检查测压计液面是否齐平，如不平，重新进行排气。

4. 测记有关实验常数和实验参数

填入实验表 4-8。

5. 改变流速

重复测量三次。

6. 完成实验项目

① 分别沿垂向及流向改变测点的位置，观察管嘴的淹没射流流速分布。

② 在有压管到测量中，管道直径相对毕托管的直径在 6~10 倍以内时误差在 2%~5%以上不宜使用。试将毕托管头部深入到管嘴中，加以验证。

7. 实验收尾

实验结束时，按步骤 3 检查毕托管的比压计是否齐平。

五、实验成果及要求

实验台号：__________ 实验日期：__________

表 4-8 记录计算表 校正系数 c=______ k=______ $cm^{0.5}/s$

实验测次	上、下游水位计			毕托管测压计			测点流速	测点流速系数
	h_1/cm	$h_2$cm	ΔH/cm	h_3/cm	h_4/cm	Δh/cm	$u=k\sqrt{\Delta h}$/(cm/s)	$\phi'=c\sqrt{\Delta h/\Delta H}$
1								
2								
3								

六、实验分析与讨论

① 利用测压管测量点压强时，为什么要排气？怎样检验气体排净与否？

② 毕托管的动压水头 Δh 和管嘴上、下游水位差 ΔH 之间的大小关系怎样？为什么？

第五章　流动阻力及能量损失实验

实验十　流线演示实验

一、实验目的

① 通过演示，可以清晰地看到，对流动中的流线、边界层分离现象以及漩涡发生的区域和形态等流动图像；

② 使学生对以上概念加深理解。

二、仪器外形图

仪器外形如图 5-1 所示。

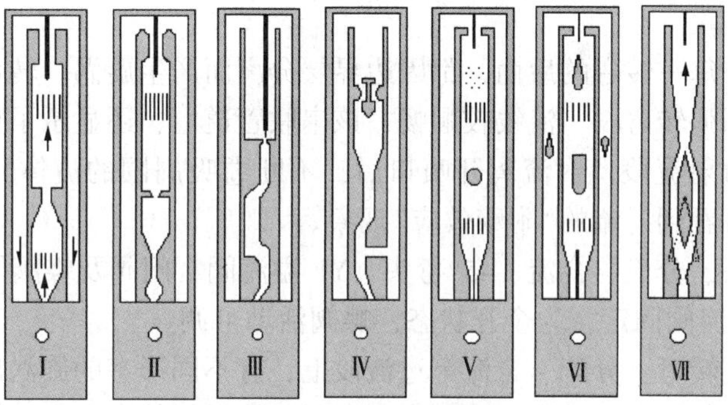

图 5-1　流线演示装置

三、实验方法与步骤

① 启动：打开调速旋钮，在最大流速下使显示面两侧下水道充满水。

② 调节应缓慢，逐次进行，使之达到最佳显示效果。掺气量不宜太大，否则会阻断水流或产生振动。

四、实验说明

各实验仪演示内容及实验指导提要如下：

① 用以显示逐渐扩散、逐渐收缩、突然扩大、突然收缩、壁面冲击、直角弯道等平面上的流动图像，模拟串联管道纵剖面流谱。在逐渐扩散段可看到由边界层分离而形成的旋涡，且靠近上游喉颈处，流速越大，涡旋尺度越小，紊动强度越高；而在逐渐收缩段，无分离，流线均匀收缩，亦无旋涡，由此可知，逐渐扩散段局部水头损失大于逐渐收缩段。

在突然扩大段出现较大的旋涡区，而突然收缩段只在死角处和收缩断面后的进口附近出现较小的旋涡区。表明突扩段比突缩段有较大的局部水头损失(缩扩的直径比大于0.7时例外)，而且突缩段的水头损失主要发生在突缩断面后部。

由于本仪器突缩较短，故其流谱亦可视为直角进口管嘴的流动图像。在管嘴进口附近，流线明显收缩，并有旋涡产生，致使有效过流断面减小，流速增大，从而在收缩面出现真空。在直角弯道和壁面冲击段，也有多处旋涡区出现。尤其在弯道流中，流线弯曲更剧，越靠近弯道内侧，流速越小。且近内壁处，出现明显的回流，所形成的回流范围较大，将此与圆角转弯流动对比，直角弯道旋涡大，回流更加明显。

② 显示文丘里流量计、孔板流量计、圆弧进口管嘴流量计以及壁面冲击、圆弧形弯道等串联流道纵剖面上的流动图像。

由显示可见，文丘里流量计的过流顺畅，流线顺直，无边界层分离和旋涡产生。在孔板前，流线逐渐收缩，汇集于孔板的孔口处，只在拐角处有小旋涡出现，孔板后的水流逐渐扩散，并在主流区的周围形成较大的旋涡区。由此可知，孔板流量计的过流阻力较大；圆弧进口管嘴流量计入流顺畅，管嘴过流段上无边界层分离和旋涡产生；在圆形弯道段，边界层分离的现象及分离点明显可见，与直角弯道比较，流线较顺畅，旋涡发生点少。

③ 显示30°弯头、直角圆弧弯头、直角弯头、45°弯头以及非自由射流等流段纵剖面上的流动图像。

由显示可见，在每一转弯的后面，都因边界层分离而产生旋涡。转弯角度不同，旋涡大小、形状各异。在圆弧转弯段，流线较顺畅，该串联管道上，还显示了局部水头损失叠加影响的图谱。在非自由射流段，射流离开喷口后，不断卷吸周围的流体，形成射流的紊动扩散。在此流段上还可看到射流的“附壁效应”现象。

④ 显示30°弯头、分流、合流、45°弯头、YF溢流阀、闸阀及蝶阀等流段纵剖面上的流动图谱。其中YF溢流阀固定，为全开状态，蝶阀活动可调。

由显示可见，在转弯、分流、合流等过流段上，有不同形态的旋涡出现。合流涡旋较为典型，明显干扰主流，使主流受阻。闸阀半开，尾部旋涡区较大，水头损失也大。由显示可见，蝶阀全开，在转弯、分流、合流等过流段上，有不同形态的旋涡出现。合流涡旋较为典型，明显干扰主流，使主流受阻。闸阀半开，尾部旋涡区较大，水头损失也大。蝶阀全开时，过流顺畅，阻力小，半开时，尾涡紊动激烈，表明阻力大且易引起振动。蝶阀通常作检修用，故只允许全开或全关。

⑤ 显示明渠逐渐扩散，单圆柱绕流、多圆柱绕流及直角弯道等流段的流动图像。圆柱绕流是该型演示仪的特征流谱。

⑥ 显示明渠渐扩、桥墩形钝体绕流、流线体绕流、直角弯道和正、反流线体绕流等流段上的流动图谱。

⑦ 这是一只“双稳放大射流阀”流动原理显示仪。该装置既是一个射流阀，又是一个双稳射流控制元件。只要给一个小信号(气流)，便能输出一个大信号(射流)，并能把脉冲小信号保持记忆下来。

五、思考题

① 为什么进水量愈大，旋涡愈强烈？

② 在逐渐收缩段，有无旋涡产生？

③ 绕流阻力是怎样产生的？研究绕流阻力的意义何在？

实验十一　雷诺实验

一、实验目的

① 观察层流、湍流的流态及其转换过程；

② 掌握雷诺数 Re 的测定方法和计算方法。

二、实验装置

实验装置如图 5-2 所示。

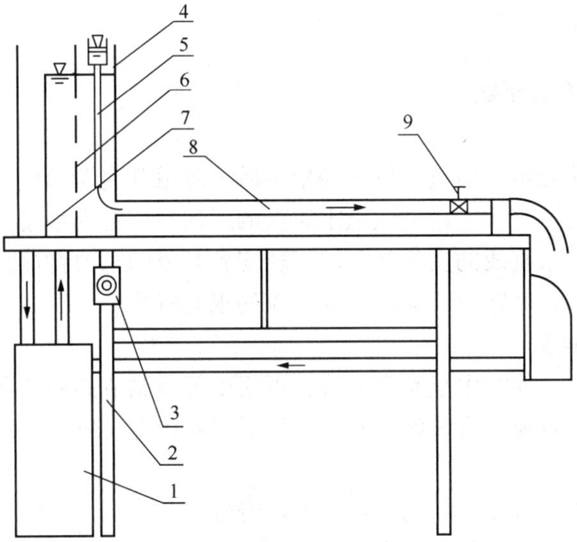

图 5-2　雷诺实验装置图

1—自循环供水器；2—实验台；3—可控硅无级调速器；4—恒压水箱；5—有色水水管；6—稳水孔板；7—溢流板；8—实验管道；9—实验流量调节阀

三、实验原理

1. 仪器工作原理

供水流量由无级调速器调控，使恒压水箱 4 始终保持微溢流的程度，以提高进口前水体稳定度。本恒压水箱还设有多道稳水隔板，可使稳水时间缩短到 3～5min。有色水经有色水水管 5 注入实验管道 8，可据有色水散开与否判别流态。为防止自循环水污染，有色指示水采用自行消色的专用色水。

2. 实验原理

1883 年，雷诺(Osborne Reynolds)采用类似于图 5-2 所示的实验装置，观察到湍流转变为层流的临界流速，与流体的黏性 ν、圆管的直径 d 有关。若要判别流态，就要确定各种情况下的值，需要对这些相关因素的不同量值做出排列组合再分别进行实验研究，工作量巨大。雷诺实验的贡献不仅在于发现了两种流态，还完成了管流的流态从湍流过渡到层流时的临界值值的测定。由于雷诺的贡献，将定名为雷诺数 Re。

$$Re = \frac{vd}{\nu} \tag{5-1}$$

$$Re = \frac{vd}{\nu} = \frac{4q_{\mathrm{v}}}{\pi \nu d} = Kq_{\mathrm{v}} \tag{5-2}$$

式中 v——流体流速，cm/s；

ν——流体运动黏度，cm^2/s；

d——圆管直径，cm；

q_{v}——圆管内过流流量，cm^3/s；

K——计算常数。

四、实验步骤

1. 测记本实验的有关常数

2. 观察两种流态

打开开关 3 使水箱充水至溢流水位，经稳定后，微微开启调节阀 9，并注入颜色水于实验管内，使颜色水流成一直线。通过颜色水质点的运动观察管内水流的层流流态，然后逐步开大调节阀，通过颜色水直线的变化观察层流转变到紊流的水力特征，待管中出现完全紊流后，再逐步关小调节阀，观察由紊流转变为层流的水力特征。

3. 测定下临界雷诺数

(1) 将调节阀打开，使管中呈完全紊流，再逐步关小调节阀使流量减小，当流量调节到使颜色水在全管刚刚拉直成一直线状态时，即为下临界状态。每调节阀门一次，均需等待稳定几分钟。

(2) 待管中出现临界状态时，用体积法测定流量。

(3) 根据所测流量计算下临界雷诺数。

(4) 重新打开调节阀，使其形成完全紊流，按照上述步骤重复测量不少于三次。

(5) 同时由水箱中的温度计测记水温，从而查得水的运动黏度。

注意：①流量不可开得过大，以免引起水箱中的水体紊动，若因水箱中水体紊动而干扰进口水流时，须关闭阀门，静止 3~5min，再按步骤(1)重复进行；

② 颜色水的浓度要大些；

③ 实验中不要推、压试验台，以防水体受到扰动。

4. 测定上临界雷诺数

逐渐开启调节阀，使管中水流由层流过渡到紊流，当有色水线刚开始散开时，即为上临界状态，测定上临界雷诺数不得少于三次。

5. 实验结束，进行成果分析

五、实验数据与处理

实验台号：__________

记录计算表见表 5-1。

表 5-1　雷诺实验记录计算表　　水温 t=______℃，管径 d=______ cm

<table>
<tr><th>实验次序</th><th>颜色水线形态</th><th>水体积
V/cm^3</th><th>时间
T/s</th><th>流量
Q/(cm^3/s)</th><th>雷诺数
Re</th><th>阀门开度增(↑)或减(↓)</th><th>备　注</th></tr>
<tr><td rowspan="3">1</td><td>完全散开</td><td></td><td></td><td></td><td></td><td></td><td rowspan="8">紊流到层流</td></tr>
<tr><td>弯曲、断续</td><td></td><td></td><td></td><td></td><td></td></tr>
<tr><td>稳定直线</td><td></td><td></td><td></td><td></td><td></td></tr>
<tr><td rowspan="3">2</td><td>完全散开</td><td></td><td></td><td></td><td></td><td></td></tr>
<tr><td>弯曲、断续</td><td></td><td></td><td></td><td></td><td></td></tr>
<tr><td>稳定直线</td><td></td><td></td><td></td><td></td><td></td></tr>
<tr><td rowspan="3">3</td><td>完全散开</td><td></td><td></td><td></td><td></td><td></td></tr>
<tr><td>弯曲、断续</td><td></td><td></td><td></td><td></td><td></td></tr>
<tr><td>稳定直线</td><td></td><td></td><td></td><td></td><td></td><td></td></tr>
<tr><td colspan="8">实测下临界雷诺数(平均值)=</td></tr>
<tr><td rowspan="3">1</td><td>稳定直线</td><td></td><td></td><td></td><td></td><td></td><td rowspan="8">层流到紊流</td></tr>
<tr><td>弯曲、断续</td><td></td><td></td><td></td><td></td><td></td></tr>
<tr><td>完全散开</td><td></td><td></td><td></td><td></td><td></td></tr>
<tr><td rowspan="3">2</td><td>稳定直线</td><td></td><td></td><td></td><td></td><td></td></tr>
<tr><td>弯曲、断续</td><td></td><td></td><td></td><td></td><td></td></tr>
<tr><td>完全散开</td><td></td><td></td><td></td><td></td><td></td></tr>
<tr><td rowspan="3">3</td><td>稳定直线</td><td></td><td></td><td></td><td></td><td></td></tr>
<tr><td>弯曲、断续</td><td></td><td></td><td></td><td></td><td></td></tr>
<tr><td>完全散开</td><td></td><td></td><td></td><td></td><td></td><td></td></tr>
<tr><td colspan="8">实测上临界雷诺数(平均值)=</td></tr>
</table>

六、思考题

① 流态判据为何采用无量纲参数，而不采用临界流速？

② 为何认为上临界雷诺数无实际意义，而采用下临界雷诺数作为层流与紊流的判据？实测下临界雷诺数是多少？

实验十二　沿程阻力系数测定实验

一、实验目的

① 学会测定管道沿程水头损失因数 λ 和雷诺数 Re 的方法；

② 分析圆管稳定流动的水头损失规律，λ 随雷诺数 Re 变化的规律；

③ 绘制 λ-Re 关系曲线。

二、实验装置

实验装置如图 5-3 所示。

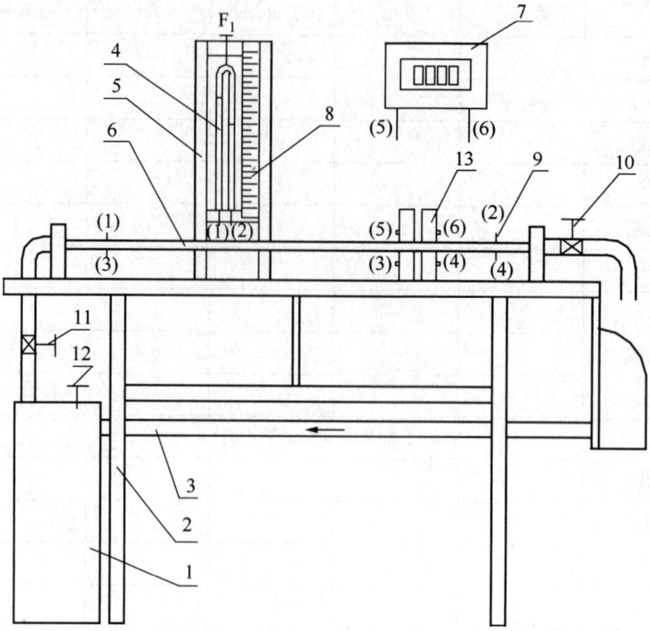

图 5-3　沿程水头损失实验装置图

1—自循环高压恒定全自动供水器；2—实验台；3—回水管；4—水压差计；5—测压计；6—实验管道；7—电子测压仪；8—侧滑动测量；9—测压点；10—实验流量调节阀；11—供水管与供水阀；12—旁通管与旁通阀；13—稳压筒

说明：水压差计可用于测量小压差；可采用电测仪进行量测。

三、实验原理

本实验需另配如下装置：

① 自动水泵与稳压器。由离心泵、自动压力开关、气—水压力罐及稳压器组成。自动水泵在压力过大时会停止工作。

② 旁通管与旁通阀。由于水泵的特性，本实验设有分流装置旁通管及旁通阀用以调节水压及流量，旁通阀是本实验重要的阀门之一。

③ 稳压筒。为简化排气并防止实验中再进气而设置。使用前检查内部水位是否高于 1/2，否则将筒的倒置充水。

实验基本原理如下：

对于通过直径不变的圆管的稳定水流，沿程水头损失由达西公式表达为：

$$h_{\mathrm{f}} = \lambda \frac{l}{d} \frac{v^2}{2g} \tag{5-3}$$

若在实验中测得沿程水头损失和断面平均流速，则可直接得沿程水头损失因数

$$\lambda = \frac{2gdh_f}{l}\frac{1}{v^2} = \frac{2gdh_f}{l}\left(\frac{\pi}{4}d^2/Q\right)^2 = K\frac{h_f}{Q^2} \tag{5-4}$$

$$K = \pi^2 gd^5/8l$$

另由能量方程对水平等直径圆管可得

$$h_f = (p_1 - p_2)/\gamma = \Delta h \tag{5-5}$$

四、实验步骤

（1）记录有关常数。

（2）打开流量调节阀 10、进水阀 11、及旁通阀 12，夹紧测压计止水夹，接通电源，启动水泵。

（3）排气。

① 传感器管道内排气。关闭流量调节阀 10，打开进水阀 11 及旁通阀 12，旋松传感器之旋塞 F1，待连续出水，拧紧旋塞 F1，即排除传感器管道内气体。

② 实验管道及测压计内排气。打开流量调节阀 10、进水阀 11，松开测压计止水夹，连续开关旁通阀 12 数次，待管道内无气泡，打开旁通阀 12，关闭流量调节阀 10，排气完成。

（4）关闭流量调节阀 10，管道内流量为零，对传感器电测仪调零。

（5）实验开始。具体如下：

① 层流段实验

a. 全开进水阀 11 及旁通阀 12，松开测压计止水夹，关闭流量调节阀 10。

b. 微开流量调节阀 10，使测压计内压差 Δh 约 20mmH_2O（夏季、冬季约 30mmH_2O）量程范围内，稳定 2~3min，测定流量同时读取测压计和温度计读数。

c. 改变流量 3~5 次，重复上述 b 实验。

② 湍流（紊流）段实验

a. 夹紧测压计止水夹，全开流量调节阀 10、进水阀 11 及旁通阀 12。

b. 适当关小旁通阀 12 开度，实验管道内流量增大至 100cmH_2O 左右，稳定 30s，测定流量同时读取测压计和温度计读数。

c. 关小旁通阀 12 开度，改变流量 3~5 次，重复上述 b 实验。改变流量可按每次电测仪压差 Δh 增量 100~200cmH_2O 递加，直至测出最大的 Δh 值。

（6）实验结束，打开所有阀门，关闭电源。进行成果分析。

五、实验数据与处理

实验台号：__________

圆管直径 d=__________$\times10^{-2}$m；测量段长度 L=__________$\times10^{-2}$m

记录及计算表见表 5-2。

根据测量结果在坐标纸上绘制 $Re\sim\lambda$ 关系曲线（莫迪图）。

表 5-2　沿程水头损失记录及计算表格　　常数 $K=$______ cm^5/s^2

测次	体积 V/cm^3	时间/s	流量 q_v/(cm^3/s)	流速 v/(cm/s)	水温/℃	雷诺数 Re	比压计、电测仪读数/cm		沿程损失 h_f/cm	沿程损失因数 λ	$\lambda=\frac{64}{Re}$ ($Re<2320$)
							h_1	h_2			
1											
2											
3											
4											
5											
6											
7											
8											
9											
10											

说明：黏度由附表可查得。

六、思考题

① 本实验装置中为什么采用旁通管和旁通阀?

② 影响圆管沿程水力损失的因素有哪些?

实验十三　局部阻力系数测定实验

一、实验目的

① 测定管路上突然扩大(缩小)的局部损失，并确定其局部阻力系数；

② 将突扩管(突缩管)的实测值与理论值比较，分析误差产生的原因；

③ 加深对局部阻力损失机理的理解。

二、实验装置

实验装置如图 5-4 所示。

三、实验原理

如图 5-5 所示，可以写出沿水流方向的局部阻力系数前后两断面的能量方程。

(1) 突然扩大，采用三点法计算，式(5-6)中 h_{f1-2} 由 h_{2-3} 按流长比例换算得出。

实测值：

$$z_1+\frac{p_1}{\rho g}+\frac{\alpha_1 v_1^2}{2g}=z_2+\frac{p_2}{\rho g}+\frac{\alpha_2 v_2^2}{2g}+h_w$$

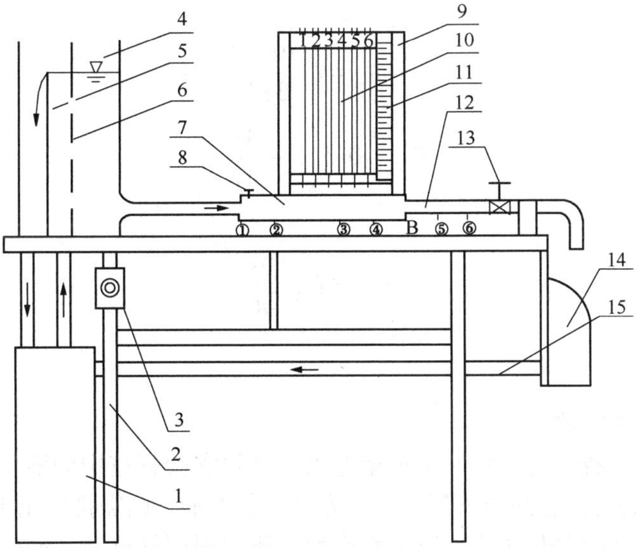

图 5-4　局部水头损失实验装置简图

1—自循环供水器；2—实验台；3—可控硅无级调速器；4—恒压水箱；

5—溢流板；6—稳水孔板；7—圆管突然扩大；8—气阀；9—测压计；

10—测压管排；11—滑动测量尺；12—圆管突然收缩；

13—实验流量调节阀；14—回流接水斗；15—下回水管

说明：实验管道由小——大——小三种已知管径的管道组成，共设有 6 个测压孔，测孔①~③和④~⑥分别测量突扩和突缩的局部阻力系数。其中测孔①位于突扩界面处，用以测量小管出口压强值。

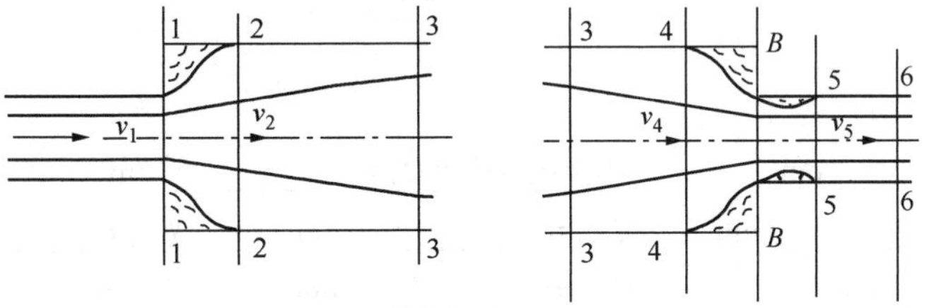

图 5-5

$$h_{jc}=\left[\left(z_1+\frac{p_1}{\gamma}\right)+\frac{\alpha v_1^2}{2g}\right]-\left[\left(z_p+\frac{p_2}{\gamma}\right)+\frac{\alpha v_2^2}{2g}+h_{f1-2}\right]=E_1-E_2 \tag{5-6}$$

$$h_{jc}=\zeta_c\frac{\alpha v_1^2}{2g} \tag{5-7}$$

理论值：

$$\zeta'_c=\left(1-\frac{A_1}{A_2}\right)^2 \tag{5-8}$$

$$h'_{jc}=\zeta'_c\frac{\alpha v_1^2}{2g} \tag{5-9}$$

（2）突然缩小，采用四点法计算，式(5-10)中 B 点为突缩点，h_{f4-B}由 h_{f3-4}换算得出，h_{fB-5}由f_{f5-6}换算得出。

$$h_{js}=\left[\left(z_4+\frac{p_4}{\gamma}\right)+\frac{\alpha v_4^2}{2g}-h_{j4-B}\right]-\left[\left(z_5+\frac{p_5}{\gamma}\right)+\frac{\alpha v_5^2}{2g}+h_{fB-5}\right]=E'_1-E'_2 \tag{5-10}$$

实测值：

$$h_{js} = \zeta_s \frac{\alpha v_5^2}{2g} \tag{5-11}$$

$$\zeta'_s = 0.5\left(1 - \frac{A_5}{A_3}\right) \tag{5-12}$$

理论值：

$$h'_{js} = \zeta'_s \frac{\alpha v_5^2}{2g} \tag{5-13}$$

四、实验步骤

① 测记实验有关常数。

② 打开电子调速器开关，使恒压水箱充水，排除实验管道中的滞留气体。待水箱溢流后，检查泄水阀全关时，各测压管液面是否齐平，若不平，则需排气调平。

③ 打开泄水阀至最大开度，待流量稳定后，测记测压管读数，同时用体积法或电测法测记流量。

④ 改变泄水阀开度 3~4 次，分别测记测压管读数及流量。

⑤ 实验完成后，关闭泄水阀，检查测压管液面是否齐平，否则，需重做。

⑥ 实验结束，进行成果分析。

五、实验数据与处理

实验台号：__________

有关常数：

$d_1 = D_1 =$ __________ cm　　$d_2 = d_3 = d_4 = D_2 =$ __________ cm

$d_5 = d_6 = D_3 =$ __________ cm　　$l_{1-2} =$ __________ cm　　$l_{2-3} =$ __________ cm

$l_{3-4} =$ __________ cm　　$l_{4-B} =$ __________ cm　　$l_{B-5} =$ __________ cm

$l_{5-6} =$ __________ cm

$\zeta'_c = \left(1 - \frac{A_1}{A_2}\right)^2 =$ __________　　$\zeta'_s = 0.5 \times \left(1 - \frac{A_5}{A_3}\right) =$ __________

实验数据记录表见表 5-3、表 5-4。

表 5-3　实验数据记录表

次　数	流量/(cm³/s)			测压管读数/cm					
	体积	时间	流量	1	2	3	4	5	6
1									
2									
3									
4									
5									
6									
7									
8									

表 5-4　实验计算表

次数	阻力形式	流量/(cm^3/s)	前断面		后断面		h_j/cm	ζ	h'_j/cm
			$\frac{\alpha \cdot v^2}{2g}/cm$	$E_1/E'_1/cm$	$\frac{\alpha \cdot v^2}{2g}/cm$	$E_1/E'_2/cm$			
1	突然扩大								
2									
3									
4									
5									
6									
7									
8									
1	突然缩小								
2									
3									
4									
5									
6									
7									
8									

六、思考题

① 分析局部损失形成机理；

② 产生突扩与突缩局部损失的主要部位在哪里？怎样减小局部损失？

③ 为什么突扩系数跟突缩系数不一样？

第六章　孔口出流与管嘴出流实验

实验十四　孔口出流与管嘴出流实验

一、实验目的

① 掌握孔口与管嘴出流的流速关系、流量系数、局部阻力系数的测量方法；

② 分析管嘴的进口形状(直角和喇叭形)对出流能力的影响以及孔口与管嘴过流能力不同的原因。

二、实验装置

实验装置如图 6-1 所示。

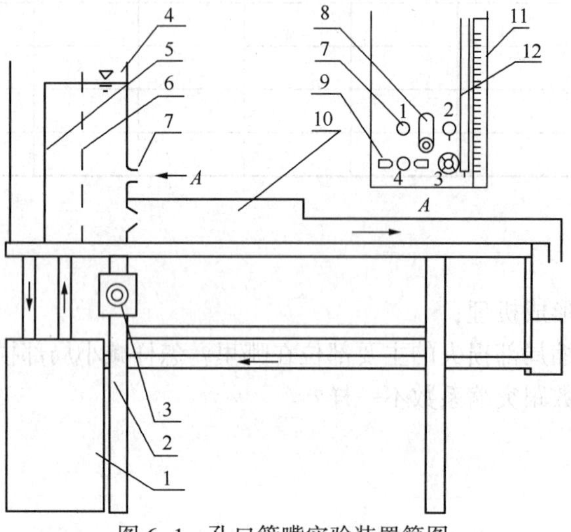

图 6-1　孔口管嘴实验装置简图

1—自循环供水器；2—实验台；3—可控硅无级调速器；4—恒压水箱；5—溢流板；6—稳水孔板；7—孔口管嘴(其图内小字标号 1#为喇叭进口，2#为直角进口管嘴，3#为锥形管嘴，4#为孔口)；8—防溅旋板；9—测量孔口射流收缩直径的移动触头；10—上回水槽；11—标尺；12—测压管

孔口和管嘴的形状见图 6-2。

三、实验原理

在一定水头 H_0 作用下孔口(或管嘴)自由出流时的流量，可用下式计算：

$$q_v = \varphi \varepsilon A\sqrt{2gH_0} = \mu A\sqrt{2gH_0} \qquad (6-1)$$

式中　$H_0=H+\alpha v_0^2/2g$，一般因行进流速水头 $\alpha v_0^2/2g$ 很小可忽略不计，所以 $H_0=H$；

收缩系数 $\varepsilon=\frac{A_c}{A}=\frac{d_c^2}{d^2}$，对孔口 $\varepsilon=0.63\sim0.64$，对管嘴 $\varepsilon=1.0$；

A_c，d_c——收缩断面的面积、直径；

流速系数 $\varphi=\frac{1}{\sqrt{1+\zeta}}=\frac{\mu}{\varepsilon}$，孔口 $\varphi=0.97\sim0.98$，圆柱形外管嘴 $\varphi=0.82$；

流量系数 $\mu=\varepsilon\varphi=\frac{q_v}{A\sqrt{2gH_0}}$，孔口 $\mu=0.60\sim0.62$，圆柱形外管嘴 $\mu=0.82$；

局部阻力因数 $\zeta=\frac{1}{\varphi^2}-\alpha$，孔口 $\zeta=0.60\sim0.62$，圆柱形外管嘴 $\zeta=0.5$。

根据理论分析，圆柱形外管嘴收缩断面处的真空度为：$h_v=\frac{p_v}{\rho g}=0.75H$。

实验时，只要测出孔口及管嘴的位置高程和收缩断面直径，读出作用水头 H，测出流量，就可测定、验证上述各系数。

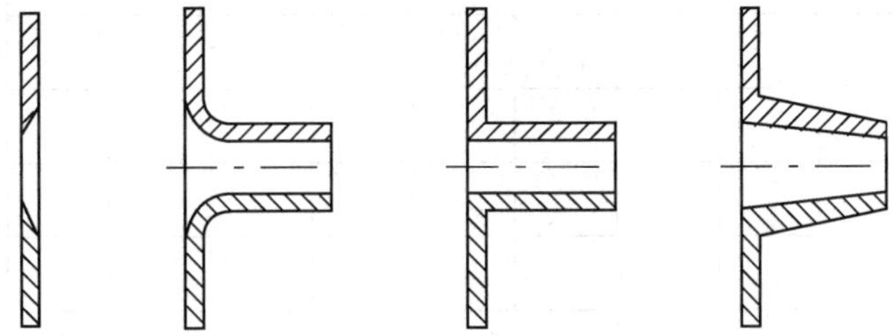

图 6-2　孔口管嘴结构剖面图

四、实验步骤

① 记录实验常数，各孔口管嘴用橡皮塞塞紧。

② 打开调速器开关，使恒压水箱充水，至溢流后，再打开 1#圆角管嘴，待水面稳定后，测记水箱水面高程标尺读数 h_1，测定流量 Q(要求重复测量三次，时间尽量长些，以求准确)，测量完毕，先旋转水箱内的旋板，将 1#管嘴进口盖好，再塞紧橡皮塞。

③ 依照上法，打开 2#管嘴，测记水箱水面高程标尺读数 h_1 及流量 Q，观察和量测直角管嘴出流时的真空情况。

④ 依次打开 3#圆锥形管嘴，测定 h_1 及流量 Q。

⑤ 打开 4#孔口，观察孔口出流现象，测定 h_1 及流量 Q，并按下述⑦b. 的方法测记孔口收缩断面的直径(重复测量三次)。然后改变孔口出流的作用水头(可减少进口流量)，观察孔口收缩断面直径随水头变化的情况。

⑥ 实验结束，进行成果分析。

⑦ 注意事项：

a. 实验次序先管嘴后孔口，每次塞橡皮塞前，先用旋板将进口盖掉，以免水花溅开；

b. 量测收缩断面直径，可用孔口两边的移动触头。首先松动螺丝，先移动一边触头将其与水股切向接触，并旋紧螺丝，再移动另一边触头，使之切向接触，并旋紧螺丝，再将旋板开关顺时针方向关上孔口，用卡尺测量触头间距，即为射流直径。实验时将旋板置于不工作的孔口(或管嘴)上，尽量减少旋板对工作孔口、管嘴的干扰；

c. 进行以上实验时，注意观察各出流的流股形态，并作好记录。

五、实验数据与处理

实验台号：__________

有关常数：

圆角管嘴 d_1 =______ cm　　圆角管嘴 d_2 =______ cm　　出口高程 $z_1=z_2$ =______ cm

圆锥管嘴 d_3 =______ cm　　孔口 d_4 =______ cm　　出口高程 $z_3=z_4$ =______ cm

实验记录、计算表格见表 6-1。

表 6-1　实验数据记录、计算表

分类 项目	圆角管嘴			直角管嘴			圆锥管嘴			孔　口		
水面读数 H_1/cm												
体积/cm^3												
时间/s												
流量/(cm^3/s)												
平均流量/(cm^3/s)												
水头/cm												
面积/cm^2												
流量系数 μ												
收缩直径 d_c/cm												
收缩断面 A_c/cm^2												
收缩系数 ε												
流速系数 φ												
阻力系数 ζ												
流股形态												

注：流股形态代号为：①光滑圆柱；②紊流；③圆柱形麻花状扭变；④具有侧收缩的光滑圆柱；⑤其他形状。

六、思考题

① 圆角进口管嘴的流股比直角进口管嘴的流股更光滑，流畅的原因是什么？

② 为什么相同作用水头、直径相等的条件下，直角进口管嘴的流量因数 μ 值比孔口的大、圆锥型进口管嘴的流量因数 μ 值比直角进口管嘴的大？

实验十五　水泵特性曲线的测定

一、实验目的

① 了解离心泵结构与特性，学会离心泵的操作；

② 掌握离心泵特性曲线测定方法。

二、实验原理

离心泵的主要性能为流量 Q（也叫送液能力）、扬程 H（也叫压头）、轴功率 N 和效率 η。在一定的转速下，离心泵的扬程 H、轴功率 N 和效率 η 均随实际流速 Q 的大小而改变。通常用水经过实验测出：$Q \sim H$、$Q \sim N$ 及 $Q \sim \eta$ 之间的关系，并以三条曲线分别表示出来，这三条曲线就称之为离心泵的特性曲线。

离心泵的特性曲线是确定泵适宜的操作条件和选用离心泵的重要依据。但是，离心泵的特性曲线目前还不能用解析方法进行计算，仅能通过实验来测定，而且离心泵的性能全都与转速有关；在实际应用过程中，大多数离心泵又是在恒定转速下运行，所以要学习离心泵恒定转速下特性曲线的测定方法。

1. 扬程 H 的测定与计算

在泵进、出口取截面列伯努利方程：

$$H = \frac{p_2 - p_1}{\rho g} + Z_2 - Z_1 + \frac{v_2^2 - v_1^2}{2g} \tag{6-2}$$

式中　p_1，p_2——泵进、出口的压强，N/m^2；

ρ——液体密度，kg/m^3；

v_1，v_2——泵进、出口的流速，m/s；

g——重力加速度，m/s^2。

当泵进、出口管径一样，且压力表和真空表安装在同一高度，上式简化为：

$$H = \frac{p_2 - p_1}{\rho g} \tag{6-3}$$

2. 轴功率 N 的测量与计算

$$N = 0.94w \tag{6-4}$$

式中　w——电机输出功率；W。

可知：测定泵的轴功率，只需测定电机的输出功率，乘上功率转换中的倍率即可。

3. 效率 η 的计算

泵的效率 η 为泵的有效功率 N_e 与轴功率 N 的比值。有效功率 N_e 是流体单位时间内自泵得到的功，轴功率 N 是单位时间内泵从电机得到的功，两者差异反映了水力损失、容积损失和机械损失的大小。

泵的有效功率 N_e 可用下式计算：

$$N_e = HV\rho g \tag{6-5}$$

故泵的效率的计算公式：

$$\eta = \frac{N_e}{N} = HV\rho g/N \tag{6-6}$$

三、实验设备及其参数

1. 实验设备(图 6-3)

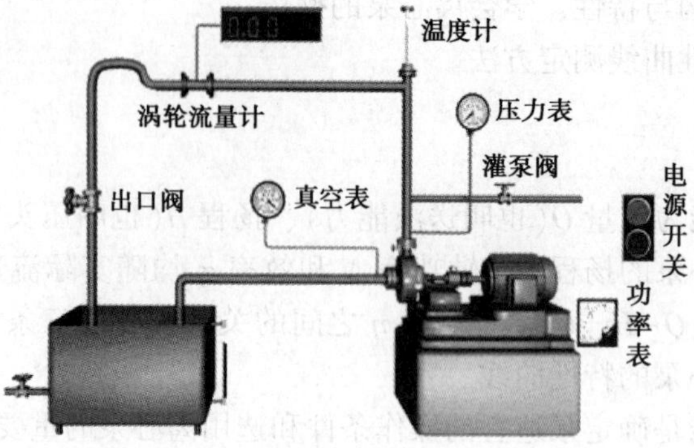

图 6-3

2. 设备参数

泵的转速：2900r/min

额定扬程：20m

电机效率：93%

转动效率：100%

水温：25℃

泵进口管内径：41mm

泵出口管内径：35.78mm

两测压口之间的垂直距离：0.35m

涡轮流量计流量系数：75.78

四、实验步骤

① 关闭进口阀及管道阀门。

② 打开进口阀，打开离心泵灌水阀。如图 6-4 所示，进行水泵灌水(注意：在打开灌水阀时要慢，且只打开一定的开度，不要开太大，否则会损坏压力表)。灌好水后关闭泵的出口阀与灌泵阀。

③ 放气，调节开度大于 0，即可放出气体，气体排尽后，会有液体涌出，此时关闭排气阀和灌泵阀，灌泵工作完成。

④ 一切准备就绪后，按下开启按钮。启动按钮绿灯亮，即可进行实验。

⑤ 打开泵的出水阀(全开)，流量达到最大。

⑥ 等待流动和显示的数据稳定后，测定泵的真空度 p_1，泵后压力 p_2，水温 t，流量 V 及泵的功率并记录，如图 6-5 所示。

⑦ 调节泵的出口阀，调节流量，改变流量大小，测定不同流量下的 p_1，p_2，t，V。

⑧ 同样方法测定 8~10 次。

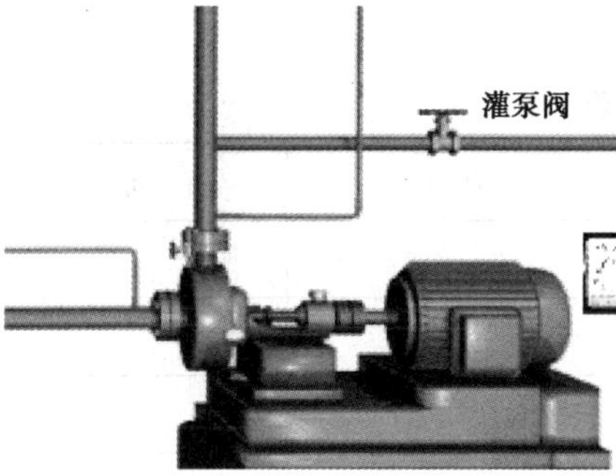

图 6-4

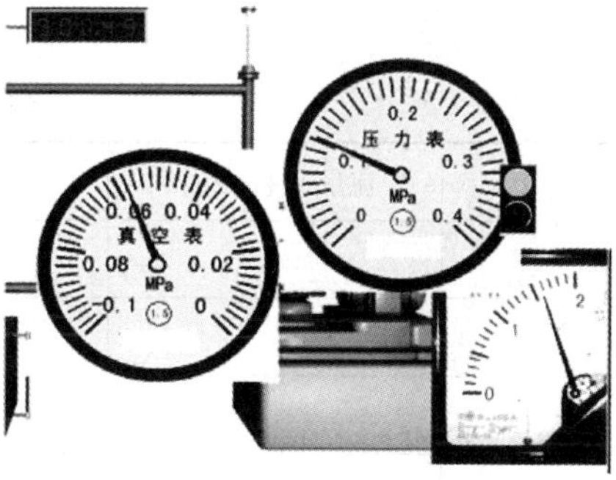

图 6-5

⑨ 实验完毕，关闭水泵出口阀。按下水泵停止按钮，停止运行。

⑩ 进入实验数据处理软件，处理数据。

五、原始实验数据记录表(表 6-2)

表 6-2　原始实验数记录表

$n=2900$r/min　　$\rho=1.0\times10^3$kg/m³					
序　号	频率/s⁻¹	真空度/kPa	泵压力/kPa	温度 t/℃	泵功率 N/kW
1					
2					
3					
4					
5					
6					
7					
8					
9					
10					

六、数据处理

利用如下计算公式处理数据，并将计算结果列于表 6-3 内。根据表 6-3 数据绘制一定转速下的 $H-V$、$N-V$、$\eta-V$ 曲线。

$$H=(p_2-p_1)/\rho g$$

$$N=0.94w$$

$$\eta = N_e/N = HV\rho g/N$$

表 6-3　计算结果表

序　号	流量 $V/(m^3/h)$	功率 N/kW	H/m	$\eta/\%$
1				
2				
3				
4				
5				
6				
7				
8				
9				
10				

附录一

水的黏度表(0~40℃)

温度 T		黏度 μ		温度 T		黏度 μ	
℃	K	cP	Pa·s	℃	K	cP	Pa·s
0	273.15	1.7921	1.7921×10^{-3}	20.2	293.35	1.0000	1.0000×10^{-3}
1	274.15	1.7313	1.7313×10^{-3}	21	294.15	0.9810	0.9810×10^{-3}
2	275.15	1.6728	1.6728×10^{-3}	22	295.15	0.9579	0.9579×10^{-3}
3	276.15	1.6191	1.6191×10^{-3}	23	296.15	0.9358	0.9358×10^{-3}
4	277.15	1.5674	1.5674×10^{-3}	24	297.15	0.9142	0.9142×10^{-3}
5	278.15	1.5188	1.5188×10^{-3}	25	298.15	0.8937	0.8937×10^{-3}
6	279.15	1.4728	1.4728×10^{-3}	26	299.15	0.8737	0.8737×10^{-3}
7	280.15	1.4284	1.4284×10^{-3}	27	300.15	0.8545	0.8545×10^{-3}
8	281.15	1.3860	1.3860×10^{-3}	28	301.15	0.8360	0.8360×10^{-3}
9	282.15	1.3462	1.3462×10^{-3}	29	302.15	0.8180	0.8180×10^{-3}
10	283.15	1.3077	1.3077×10^{-3}	30	303.15	0.8007	0.8007×10^{-3}
11	284.15	1.2713	1.2713×10^{-3}	31	304.15	0.7840	0.7840×10^{-3}
12	285.15	1.2363	1.2363×10^{-3}	32	305.15	0.7679	0.7679×10^{-3}
13	286.15	1.2028	1.2028×10^{-3}	33	306.15	0.7523	0.7523×10^{-3}
14	287.15	1.1709	1.1709×10^{-3}	34	307.15	0.7371	0.7371×10^{-3}
15	288.15	1.1404	1.1404×10^{-3}	35	308.15	0.7225	0.7225×10^{-3}
16	289.15	1.1111	1.1111×10^{-3}	36	309.15	0.7085	0.7085×10^{-3}
17	290.15	1.0828	1.0828×10^{-3}	37	310.15	0.6947	0.6947×10^{-3}
18	291.15	1.0559	1.0559×10^{-3}	38	311.15	0.6814	0.6814×10^{-3}
19	292.15	1.0299	1.0299×10^{-3}	39	312.15	0.6685	0.6685×10^{-3}
20	293.15	1.0050	1.0050×10^{-3}	40	313.15	0.6560	0.6560×10^{-3}

附录二

国际温标纯水密度表(kg/m³)

T_{90}/℃	0	0.1	0.2	0.3	0.4	0.5	0.6	0.7	0.8	0.9
0	999.84	999.846	999.853	999.859	999.865	999.871	999.877	999.883	999.888	999.893
1	999.898	999.904	999.908	999.913	999.917	999.921	999.925	999.929	999.933	999.937
2	999.94	999.943	999.946	999.949	999.952	999.954	999.956	999.959	999.961	999.962
3	999.964	999.966	999.967	999.968	999.969	999.97	999.971	999.971	999.972	999.972
4	999.972	999.972	999.972	999.971	999.971	999.97	999.969	999.968	999.967	999.965
5	999.964	999.962	999.96	999.958	999.956	999.954	999.951	999.949	999.946	999.943
6	999.94	999.937	999.934	999.93	999.926	999.923	999.919	999.915	999.91	999.906
7	999.901	999.897	999.892	999.887	999.882	999.877	999.871	999.866	999.88	999.854
8	999.848	999.842	999.836	999.829	999.823	999.816	999.809	999.802	999.795	999.788
9	999.781	999.773	999.765	999.758	999.75	999.742	999.734	999.725	999.717	999.708
10	999.699	999.691	999.682	999.672	999.663	999.654	999.644	999.634	999.625	999.615
11	999.605	999.595	999.584	999.574	999.563	999.553	999.542	999.531	999.52	999.508
12	999.497	999.486	999.474	999.462	999.45	999.439	999.426	999.414	999.402	999.389
13	999.377	999.384	999.351	999.338	999.325	999.312	999.299	999.285	999.271	999.258
14	999.244	999.23	999.216	999.202	999.187	999.173	999.158	999.144	999.129	999.114
15	999.099	999.084	999.069	999.053	999.038	999.022	999.006	998.991	998.975	998.959
16	998.943	998.926	998.91	998.893	998.876	998.86	998.843	998.826	998.809	998.792
17	998.774	998.757	998.739	998.722	998.704	998.686	998.668	998.65	998.632	998.613
18	998.595	998.576	998.557	998.539	998.52	998.501	998.482	998.463	998.443	998.424
19	998.404	998.385	998.365	998.345	998.325	998.305	998.285	998.265	998.244	998.224
20	998.203	998.182	998.162	998.141	998.12	998.099	998.077	998.056	998.035	998.013
21	997.991	997.97	997.948	997.926	997.904	997.882	997.859	997.837	997.815	997.792
22	997.769	997.747	997.724	997.701	997.678	997.655	997.631	997.608	997.584	997.561
23	997.537	997.513	997.49	997.466	997.442	997.417	997.393	997.396	997.344	997.32
24	997.295	997.27	997.246	997.221	997.195	997.17	997.145	997.12	997.094	997.069
25	997.043	997.018	996.992	996.966	996.94	996.914	996.888	996.861	996.835	996.809
26	996.782	996.755	996.729	996.702	996.675	996.648	996.621	996.594	996.566	996.539
27	996.511	996.484	996.456	996.428	996.401	996.373	996.344	996.316	996.288	996.26
28	996.231	996.203	996.174	996.146	996.117	996.088	996.059	996.03	996.001	996.972
29	995.943	995.913	995.884	995.854	995.825	995.795	995.765	995.753	995.705	995.675

续表

T_{90}/℃	0	0. 1	0. 2	0. 3	0. 4	0. 5	0. 6	0. 7	0. 8	0. 9
30	995. 645	995. 615	995. 584	995. 554	995. 523	995. 493	995. 462	995. 431	995. 401	995. 37
31	995. 339	995. 307	995. 276	995. 245	995. 214	995. 182	995. 151	995. 119	995. 087	995. 055
32	995. 024	994. 992	994. 96	994. 927	994. 895	994. 863	994. 831	994. 798	994. 766	994. 733
33	994. 7	994. 667	994. 635	994. 602	994. 569	994. 535	994. 502	994. 469	994. 436	994. 402
34	994. 369	994. 335	994. 301	994. 267	994. 234	994. 2	994. 166	994. 132	994. 098	994. 063
35	994. 029	993. 994	993. 96	993. 925	993. 891	993. 856	993. 821	993. 786	993. 751	993. 716
36	993. 681	993. 646	993. 61	993. 575	993. 54	993. 504	993. 469	993. 433	993. 397	993. 361
37	993. 325	993. 28	993. 253	993. 217	993. 181	993. 144	993. 108	993. 072	993. 035	992. 999
38	992. 962	992. 925	992. 888	992. 851	992. 814	992. 777	992. 74	992. 703	992. 665	992. 628
39	992. 591	992. 553	992. 516	992. 478	992. 44	992. 402	992. 364	992. 326	992. 288	992. 25
40	992. 212	991. 826	991. 432	991. 031	990. 623	990. 208	989. 786	987. 358	988. 922	988. 479
50	988. 03	987. 575	987. 113	986. 644	986. 169	985. 688	985. 201	984. 707	984. 208	983. 702
60	983. 191	982. 673	982. 15	981. 621	981. 086	980. 546	979. 999	979. 448	978. 89	978. 327
70	977. 759	977. 185	976. 606	976. 022	975. 432	974. 837	974. 237	973. 632	973. 021	972. 405
80	971. 785	971. 159	970. 528	969. 892	969. 252	968. 606	967. 955	967. 3	966. 639	965. 974
90	965. 304	964. 63	963. 95	963. 266	962. 577	961. 883	961. 185	960. 482	959. 774	959. 062
100	958. 345									

附录三

常用液体密度表

名　称	密度/($10^3kg/m^3$)	名　称	密度/($10^3kg/m^3$)
汽油	0.70	人血	1.054
乙醚	0.71	盐酸(40%)	1.20
石油	0.76	无水甘油(0℃)	1.26
酒精	0.79	二硫化碳(0℃)	1.29
木精(0℃)	0.80	蜂蜜	1.40
煤油	0.80	硝酸(91%)	1.50
松节油	0.855	硫酸(87%)	1.80
苯	0.88	溴(0℃)	3.12
矿物油(润滑油)	0.9~0.93	水银	13.6
植物油	0.9~0.93	水(0℃)	0.999867
橄榄油	0.92	水(2℃)	0.999968
鱼肝油	0.945	水(4℃)	1.000000
蓖麻油	0.97	水(18℃)	0.998621
氨水	0.93	水(20℃)	0.998229
海水	1.03	水(40℃)	0.992244
牛奶	1.03	水(60℃)	0.983237
醋酸	1.049	水(100℃)	0.958375

注：未注明温度者为常温。

附录四

温度与氮气黏度对照表

T/℃	μ/(mPa·s)	T/℃	μ/(mPa·s)	T/℃	μ/(mPa·s)	T/℃	μ/(mPa·s)
10	0.01704508	15.5	0.01730261	21	0.01755778	26.5	0.01781066
10.5	0.01706859	16	0.01732590	21.5	0.01758080	27	0.01783354
11	0.01709208	16.5	0.01734917	22	0.01760393	27.5	0.01785639
11.5	0.01701555	17	0.01737243	22.5	0.01762697	28	0.01787923
12	0.01713900	17.5	0.01739567	23	0.01755000	28.5	0.01790205
12.5	0.01716243	18	0.01741888	23.5	0.01767301	29	0.01792486
13	0.01718584	18.5	0.01744208	24	0.01769600	29.5	0.01794764
13.5	0.01720923	19	0.01746526	24.5	0.01770897	30	0.01797041
14	0.01723261	19.5	0.01748842	25	0.01774192	31	0.01801588
14.5	0.01725596	20	0.01751156	25.5	0.01776485	32	0.01806129
15	0.01727929	20.5	0.01753468	26	0.01778776	33	0.01810662

附录五

1 个大气压力下的空气黏度(mPa · s)

T/℃	0	10	20	30	40
0	0. 01718	0. 01768	0. 01818	0. 01866	0. 01914
1	0. 01723	0. 01773	0. 01823	0. 01871	0. 01919
2	0. 01728	0. 01778	0. 01828	0. 01876	0. 01924
3	0. 01733	0. 01783	0. 018325	0. 01881	0. 01929
4	0. 01738	0. 01788	0. 01837	0. 01886	0. 01933
5	0. 01743	0. 01793	0. 01842	0. 01891	0. 01938
6	0. 01748	0. 01798	0. 01847	0. 01895	0. 01943
7	0. 01753	0. 01803	0. 01852	0. 01900	0. 01947
8	0. 01758	0. 01808	0. 01857	0. 01905	0. 01952
9	0. 01763	0. 01813	0. 01862	0. 01910	0. 01957

附录六

水的表面张力

T/℃	表面张力/(10^{-3}N/m)	T/℃	表面张力/(10^{-3}N/m)
0	75.64	20	72.75
5	74.92	21	72.59
10	74.22	22	72.44
11	74.07	23	72.28
12	73.93	24	72.13
13	73.78	25	71.97
14	73.64	26	71.82
15	73.49	27	71.66
16	73.34	28	71.50
17	73.19	29	71.35
18	73.05	30	71.18
19	72.90	35	70.38

参考文献

[1] 袁恩熙．工程流体力学．北京：石油工业出版社，2006.
[2] 倪玲英，李成华．工程流体力学实验指导书．北京：中国石油大学出版社，2009.
[3] 曹文华，李春兰，于达．工程流体力学实验指导书．北京：中国石油大学出版社，2007.
[4] 吴望一．流体力学．北京：北京大学出版社，1983.
[5] 崔海青．工程流体力学．北京：石油工业出版社，1995.
[6] 孔珑．工程流体力学．北京：水利电力出版社，1992.
[7] 潘炳玉．流体力学、泵与风机．北京：化学工业出版社，2010.
[8] 高殿荣．工程流体力学．北京：机械工业出版社，1980.
[9] 潘文全．工程流体力学基础．北京：机械工业出版社，1980.
[10] 苏尔皇．液压流体力学．北京：国防工业出版社，1982.
[11] 王致清．流体力学基础．北京：高等教育出版社，1987.
[12] 张也影．流体力学．北京：高等教育出版社，1986.